轻松学电脑教程系列

Word+Excel+PowerPoint 2013
办公应用

顾永湘　主编

U0322971

东南大学出版社
南京

内 容 提 要

　　本书是《轻松学电脑教程系列》丛书之一,全书以通俗易懂的语言、翔实生动的实例,全面介绍了中文版Word、Excel 和 PowerPoint 2013办公应用的相关知识。本书共分12章,涵盖了 Office 2013组件基础,Word文本的输入和编辑,图文混排修饰文档,页面设置和版式设计,Excel 表格基础操作,管理和分析表格数据,使用公式与函数,表格格式设置和打印,使用 PowerPoint 创建幻灯片,幻灯片版面和动画设计,放映和输出幻灯片,办公软件综合应用等内容。

　　本书内容丰富,图文并茂,附赠的光盘中包含书中实例素材文件、15小时与图书内容同步的视频教学录像以及多套与本书内容相关的多媒体教学视频,方便读者扩展学习。此外,我们通过便捷的教材专用通道为老师量身定制实用的教学课件,并且可以根据您的教学需要制作相应的习题库辅助教学。

　　本书具有很强的实用性和可操作性,是一本适合于高等院校及各类社会培训学校的优秀教材,也是广大初中级计算机用户和不同年龄阶段计算机爱好者学习计算机知识的首选参考书。

图书在版编目(CIP)数据

　　Word＋Excel＋PowerPoint 2013办公应用/顾永湘主编.─南京:东南大学出版社,2017.7
　　ISBN 978-7-5641-7222-0

　　Ⅰ.①W… Ⅱ.①顾… Ⅲ.①办公自动化─应用软件 Ⅳ.①TP317.1

　　中国版本图书馆 CIP 数据核字(2017)第 136918 号

出版发行:东南大学出版社
社　　　址:南京市四牌楼2号　邮编:210096
出 版 人:江建中
网　　　址:http://www.seupress.com
电子邮箱:press@seupress.com
经　　　销:全国各地新华书店
印　　　刷:江苏徐州新华印刷厂
开　　　本:787 mm×1092 mm　1/16
印　　　张:17.5
字　　　数:438 千字
版　　　次:2017 年 7 月第 1 版
印　　　次:2017 年 7 月第 1 次印刷
书　　　号:ISBN 978-7-5641-7222-0
定　　　价:39.00 元

本社图书若有印装质量问题,请直接与营销部联系。电话(传真):025-83791830

前言

《Word＋Excel＋PowerPoint 2013办公应用》是《轻松学电脑教程系列》丛书中的一本。该书从读者的学习兴趣和实际需求出发,合理安排知识结构,由浅入深、循序渐进,通过图文并茂的方式讲解运用 Word、Excel 和 PowerPoint 2013 进行电脑办公的各种方法及技巧。全书共分为 12 章,主要内容如下:

第1章:介绍了 Office 2013 组件基础知识,包括 Office 2013 的安装和启动、Office 2013 各组件工作界面、视图模式等内容。

第2章:介绍了在 Word 2013 中输入和编辑文本的方法及技巧。

第3章:介绍了在 Word 2013 中进行图文混排的方法及技巧。

第4章:介绍了在 Word 2013 中进行页面设置和版式设计的方法及技巧。

第5章:介绍了在 Excel 2013 中制作电子表格的基本操作方法及技巧。

第6章:介绍了在 Excel 2013 中进行表格数据分析的方法及操作技巧。

第7章:介绍了在 Excel 2013 中使用公式与函数的方法及操作技巧。

第8章:介绍了 Excel 2013 表格格式设置和打印的方法及操作技巧。

第9章:介绍了在 PowerPoint 2013 中创建幻灯片的基本操作方法及技巧。

第10章:介绍了在 PowerPoint 2013 中设计幻灯片版面和动画的操作方法及技巧。

第11章:介绍了在 PowerPoint 2013 中放映和输出幻灯片的操作方法及技巧。

第12章:介绍了在 Office 2013 中各组件办公综合应用的案例分析。

本书附赠一张精心开发的 DVD 多媒体教学光盘,其中包含了 15 小时与图书内容同步的视频教学录像。光盘采用情景式教学和真实详细的操作演示等方式,紧密结合书中的内容对各个知识点进行深入的讲解,让读者在阅读本书的同时,享受到全新的交互式多媒体教学体验。

此外,本光盘附赠大量学习资料,其中包括多套与本书内容相关的多媒体教学演示视频,方便读者扩展学习。光盘附赠的云视频教学平台能够让读者轻松访问上百 GB 容量的免费教学视频学习资源库。

本书由顾永湘主编,参加本书编写的人员还有王毅、孙志刚、李珍珍、胡元元、金丽萍、张魁、谢李君、沙晓芳、管兆昶、何美英等人。由于作者水平有限,本书难免有不足之处,欢迎广大读者批评指正。

编　者

2017 年 7 月

丛书序

熟练使用电脑已经成为当今社会不同年龄层次的人群必须掌握的一门技能。为了使读者在短时间内轻松掌握电脑各方面应用的基本知识，并快速解决生活和工作中遇到的各种问题，东南大学出版社组织了一批教学精英和业内专家特别为计算机学习用户量身定制了这套《轻松学电脑教程系列》丛书。

丛书、光盘和教案定制特色

◉ 选题新颖，结构合理，为计算机教学量身打造

本套丛书注重理论知识与实践操作的紧密结合，同时贯彻"理论＋实例＋实战"3阶段教学模式，在内容选择、结构安排上更加符合读者的认知习惯，从而达到老师易教、学生易学的目的。丛书完全以高等院校、职业学校及各类社会培训学校的教学需要为出发点，紧密结合学科的教学特点，由浅入深地安排章节内容，循序渐进地完成各种复杂知识的讲解。

◉ 版式紧凑，内容精炼，案例技巧精彩实用

本套丛书在有限的篇幅内为读者奉献更多的电脑知识和实战案例。丛书内容丰富，信息量大，章节结构完全按照教学大纲的要求来安排。书中的案例通过添加大量的"知识点滴"和"实用技巧"的注释方式突出重要知识点，使读者轻松领悟每一个案例的精髓所在。

◉ 书盘结合，素材丰富，全方位扩展知识能力

本套丛书附赠多媒体教学光盘包含了15小时左右与图书内容同步的视频教学录像，光盘采用真实详细的操作演示方式，紧密结合书中的内容对各个知识点进行深入的讲解。附赠光盘收录书中实例视频、素材文件以及3～5套与本书内容相关的多媒体教学视频。

◉ 在线服务，贴心周到，方便老师定制教案

本套丛书精心创建的技术交流QQ群(101617400、2463548)为读者提供24小时便捷的在线交流服务和免费教学资源。便捷的教材专用通道(QQ:22800898)为老师量身定制实用的教学课件。此外，我们可以根据您的教学需要制作相应的习题库辅助教学。

读者定位和售后服务

本套丛书为所有从事电脑教学的老师和自学人员而编写，是一套适合于高等院校及各类社会培训学校的优秀教材，也可作为电脑初中级用户和电脑爱好者学习电脑的首选参考书。

如果您在阅读图书或使用电脑的过程中有疑惑或需要帮助，可以通过我们的信箱(E-mail:easystudyservice@126.net)联系。最后感谢您对本丛书的支持和信任，我们将再接再厉，继续为读者奉献更多更好的优秀图书，并祝愿您早日成为电脑应用高手！

《轻松学电脑教程系列》丛书编委会

2017年7月

目录

1

轻松学电脑教程系列

轻松学电脑教程系列

第1章

Office 2013 组件基础

Office 2013 是 Microsoft 公司继 Office 2010 之后推出的办公软件,集成了 Word、Excel、PowerPoint 等多种常用办公软件。本章主要介绍 Word 2013、Excel 2013、PowerPoint 2013 各组件的工作界面和基本文档操作等基础内容。

对应的光盘视频

例 1-1　安装 Office 2013 组件　　　　例 1-3　使用帮助系统

例 1-2　自定义功能区　　　　　　　　例 1-4　设置 Excel 2013 工作界面

1.1 Office 2013 的安装和启动

Office 2013 包含 Word 2013、Excel 2013、PowerPoint 2013、Access 2013、Outlook 2013 和 Publisher 2013 等组件，其中 Word 2013、Excel 2013、PowerPoint 2013 是 Office 2013 中最重要的三大组件，它们分别用于文字处理领域、数据处理领域和幻灯片演示领域。

1.1.1 安装 Office 2013 组件

要使用 Office 2013 的组件，就必须先将 Office 2013 安装到电脑中。用户可在软件专卖店或 Microsoft 公司官方网站中购买正版软件，使用安装光盘中的注册码，即可成功安装 Office 常用组件。下面将以实例来介绍安装 Office 2013 的方法。

【例 1-1】 安装 Office 2013 软件中各组件。视频

STEP 01 在【计算机】窗口中，找到 Office 2013 安装文件所在目录，双击其中的【Setup.exe】文件，开始进行安装，如图 1-1 所示。

图 1-1 双击安装文件

STEP 02 在打开的对话框中选择安装类型，这里单击【自定义】按钮，如图 1-2 所示。

STEP 03 在打开的对话框的【升级】选项卡中，选中【保留所有早期版本】单选按钮，如图 1-3 所示。

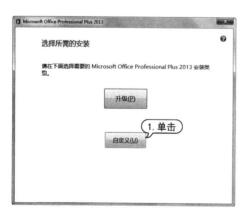
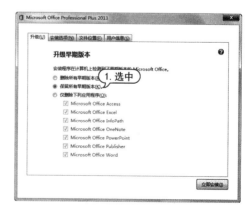

图 1-2 单击【自定义】按钮　　　图 1-3 选中【保留所有早期版本】单选按钮

STEP 04 选择【安装选项】选项卡，自定义程序的运行方式，这里选择 Word 2013、Excel 2013、PowerPoint 2013 组件，单击【立即安装】按钮，如图 1-4 所示。

STEP 05 安装完成后，系统自动弹出安装完成对话框，单击【关闭】按钮，关闭对话框，完成 Office 2013 的安装，如图 1-5 所示。

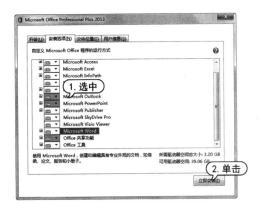

图 1-4　选择安装选项

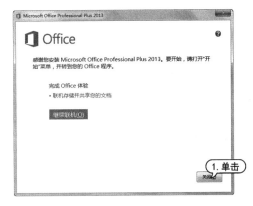

图 1-5　单击【关闭】按钮

1.1.2　启动和退出 Office 2013

将 Office 2013 安装到电脑中后，首先需要掌握启动和退出组件的操作方法，也就是打开和关闭组件的操作方法。

1. 启动 Office 2013

Office 2013 各组件的功能虽然各异，但其启动方法基本相同。下面以启动 Word 2013 组件为例讲解启动和退出的方法。

▽ 从【开始】菜单启动：启动 Windows 7 后，选择【开始】|【所有程序】|【Microsoft Office 2013】|【Word 2013】命令，启动 Word 2013，如图 1-6 所示。

▽ 通过桌面快捷方式启动：当 Word 2013 安装完后，桌面上将自动创建 Word 2013 快捷图标。双击该快捷图标，就可以启动 Word 2013，如图 1-7 所示。

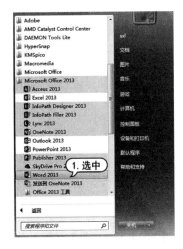

图 1-6　从【开始】菜单启动

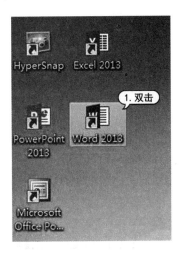

图 1-7　通过桌面快捷方式启动

轻松学 电脑教程系列

▽ 通过 Word 文档启动：双击后缀名为.docx 的文件即可打开该文档,启动 Word 2013 应用程序。

2. 退出 Office 2013

要退出 Office 2013 有很多方法,常用的主要有以下几种:

▽ 单击 Word 2013 窗口右上角的【关闭】按钮×。
▽ 单击【文件】按钮,从弹出的菜单中选择【关闭】命令,如图 1-8 所示。
▽ 双击快速访问工具栏左侧的【程序图标】按钮 。
▽ 单击【程序图标】按钮 ,从弹出的快捷菜单中选择【关闭】命令,如图 1-9 所示。
▽ 按 Alt＋F4 快捷键。

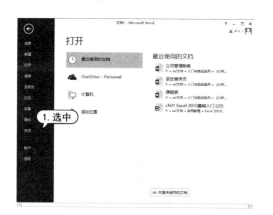

图 1-8　使用【文件】按钮退出程序

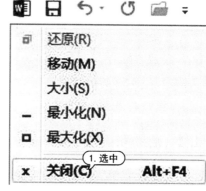

图 1-9　使用快捷菜单退出程序

1.2　Office 2013 各组件的工作界面

Office 2013 的工作界面在 Office 2010 版本的基础上进行了一些优化。它将所有的操作命令都集成到功能区中不同的选项卡下,用户在功能区中便可方便地使用各组件的各种功能。

1.2.1　Word 2013 工作界面

启动 Word 2013 后,用户可看到如图 1-10 所示的主界面,该界面主要由标题栏、快速访问工具栏、功能区、导航窗格、文档编辑区和状态与视图栏组成。

在 Word 2013 工作界面中,各部分的功能如下:

▽ 快速访问工具栏:快速访问工具栏中包含最常用的快捷按钮,方便用户使用。在默认状态中,快速访问工具栏中包含 3 个快捷按钮,分别为【保存】按钮、【撤消】按钮和【恢复】按钮,以及旁边的下落按钮。
▽ 标题栏:标题栏位于窗口的顶端,用于显示当前正在运行的程序名及文件名等信息。标题栏最右端有 3 个按钮,分别用来控制窗口的最小化、最大化和关闭。
▽ 功能区:在 Word 2013 中,功能区是完成文本格式操作的主要区域。在默认状态下,功能区主要包含【文件】、【开始】、【插入】、【页面布局】、【引用】、【邮件】、【审阅】、【视图】和【加载项】9 个基本选项卡。

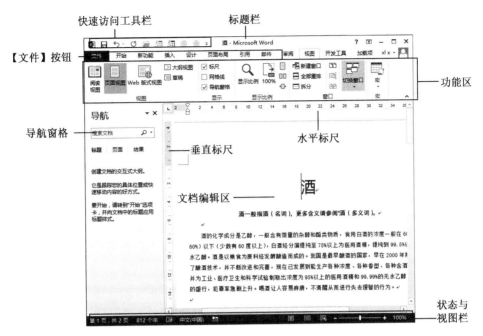

图 1-10　Word 2013 工作界面

▽ 导航窗格：导航窗格主要显示文档的标题文字，以便用户快速查看文档，单击其中的标题即可快速跳转到相应的位置。

▽ 文档编辑区：文档编辑区就是输入文本、添加图形、图像以及编辑文档的区域，用户对文本进行的操作结果都将显示在该区域。

▽ 状态与视图栏：状态栏与视图栏位于 Word 窗口的底部，显示了当前文档的信息，如当前显示的文档是第几页、第几节和当前文档的字数等。在状态栏中还可以显示一些特定命令的工作状态。另外，在视图栏中通过拖动【显示比例滑竿】中的滑块，可以直观地改变文档编辑区的大小。

1.2.2　Excel 2013 工作界面

启动 Excel 2013 后，就可以看到 Excel 2013 主界面。Excel 2013 的工作界面主要由【文件】按钮、标题栏、快速访问工具栏、功能区、编辑栏、工作表编辑区、工作表标签、行号、列标和状态栏等部分组成，如图 1-11 所示。

下面将重点介绍 Excel 2013 工作界面特有的编辑栏、工作表编辑区、行号、列标和工作表标签等部分。

▽ 编辑栏：在编辑栏中主要显示的是当前单元格中的内容，可在编辑框中对内容直接进行编辑，如图 1-12 所示。下面介绍其主要组成部分的功能。单元格名称框显示当前单元格的名称，这个名称可以是程序默认的，也可以是用户自己设置的。插入函数按钮在默认状态下只有一个按钮 ƒ，当在单元格中输入数据时会自动出现另外两个按钮 × 和 ✓。单击 × 按钮可取消当前在单元格中的设置；单击 ✓ 按钮可确定单元格中输入的公式或函数；单击 ƒ 按钮可在打开的【插入函数】对话框中选择需在当前单元格中插入的函数。编辑框用来显示或编辑当前单元格中的内容，有公式和函数时则显示公式和函数。

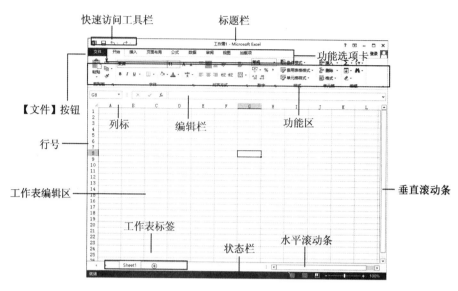

图 1-11　Excel 2013 工作界面

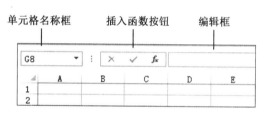

图 1-12　编辑栏组成

> **实用技巧**
>
> 　　在编辑框中输入的内容和目标工作单元格中的内容一致。

▽ 工作表编辑区：Excel 的工作表编辑区相当于 Word 的文档编辑区，是 Excel 的工作平台和编辑表格的重要场所，位于工作界面的中间位置，呈网格状。

▽ 行号和列标：Excel 中的行号和列标是确定单元格位置的重要依据，也是显示工作状态的一种导航工具。其中，行号由阿拉伯数字组成，列标由大写的英文字母组成。单元格的命名规则是：列标号＋行号。例如，第 D 列的第 4 行即称为 D4 单元格。

▽ 工作表标签：在一个工作簿中可以有多个工作表，工作表标签表示的是每个对应工作表的名称。

1.2.3　PowerPoint 2013 工作界面

　　PowerPoint 2013 的工作界面主要由标题栏、功能区、预览窗格、幻灯片编辑窗口、备注栏、快捷按钮和显示比例滑竿等部分组成，如图 1-13 所示。其各自的功能说明如下：

▽ 预览窗格：该窗格包含两个选项卡，在【幻灯片】选项卡中显示了幻灯片的缩略图，单击某个缩略图可在幻灯片编辑窗口查看和编辑该幻灯片，如图 1-14 所示。

▽ 快捷按钮和显示比例滑竿：该区域包括 6 个快捷按钮和一个【显示比例滑竿】，其中 4 个视图按钮可快速切换视图模式；一个比例按钮可快速设置幻灯片的显示比例；最右边的一个按钮可使幻灯片以合适比例显示在幻灯片编辑窗口；另外通过拖动【显示比例滑竿】中的滑块，可以直观地改变幻灯片编辑窗口的大小，如图 1-15 所示为拖动滑竿缩小显示比例。

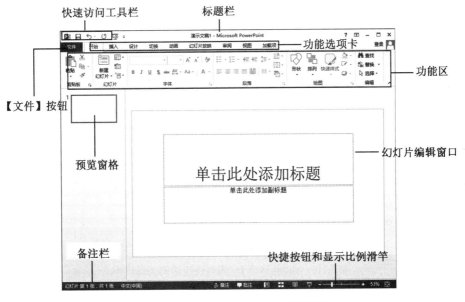

图 1-13　PowerPoint 2013 工作界面

图 1-14　单击缩略图

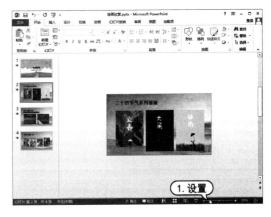

图 1-15　拖动滑竿

▽ 幻灯片编辑窗口：幻灯片编辑窗口是 PowerPoint 2013 的主要工作区域，用户对文本、图像等多媒体元素进行操作的结果都将显示在该区域。

▽ 备注栏：在该栏中可分别为每张幻灯片添加备注文本。

1.2.4　自定义工作环境

Office 2013 各组件都具有统一风格的界面，但为了方便用户操作，可以对各组件界面进行自定义设置，例如自定义快速访问工具栏、更改界面背景和主题、自定义功能区等。下面以 Word 2013 为例介绍自定义工作环境的操作。

1. 自定义快速访问工具栏

快速访问工具栏包含一组独立于当前所显示选项卡的命令，是一个可自定义的工具栏。用户可以快速地自定义常用的命令按钮，单击【自定义快速访问工具栏】下拉按钮，在弹出的菜单中选择一种命令，即可将按钮添加到快速访问工具栏中，比如选择【打开】命令，将【打开】按钮添加到快速访问工具栏中，如图 1-16 所示。

图 1-16　添加【打开】按钮到快速访问工具栏中

用户也可以在快速访问工具栏中单击【自定义快速访问工具栏】按钮，在弹出的菜单中选择【其他命令】命令，打开【Word 选项】对话框。打开【快速访问工具栏】选项卡，在【从下列位置选择命令】下拉列表框中选择【常用命令】选项，并且在下面的列表框中选择【查找】选项，然后单击【添加】按钮，将【查找】按钮添加到【自定义快速访问工具栏】列表框中，单击【确定】按钮，此时在快速访问工具栏中即添加了【查找】按钮，如图 1-17 所示。

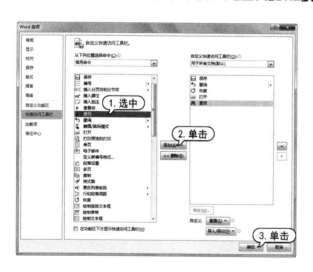

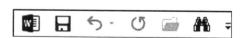

图 1-17　添加【查找】按钮

2. 更改界面主题和背景

首先单击【文件】按钮，从弹出的菜单中选择【选项】命令，打开【Word 选项】对话框的【常规】选项卡，在【Office 背景】下拉列表中选择【春天】选项，在【Office 主题】下拉列表中选择【深灰色】选项，单击【确定】按钮，此时 Word 2013 工作界面的颜色将由原先的白色变为深灰色，且加入了【春天】花纹背景，如图 1-18 所示。

 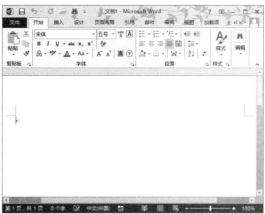

图 1-18　选择界面背景和主题

3. 自定义功能区

功能区将 Word 2013 中的所有选项巧妙地集中在一起，以便于用户查找与使用。根据用户需要，可以在功能区中添加新选项和新组，并增加新组中的按钮。

【例 1-2】 在 Word 2013 的功能区中添加新选项卡、新组和新按钮。

STEP 01 启动 Word 2013，在功能区中任意位置中右击，从弹出的快捷菜单中选择【自定义功能区】命令，如图 1-19 所示。

STEP 02 打开【Word 选项】对话框，打开【自定义功能区】选项卡，单击右下方的【新建选项卡】按钮，如图 1-20 所示。

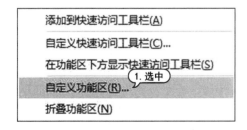 

图 1-19　选择【自定义功能区】命令　　　图 1-20　单击【新建选项卡】按钮

STEP 03 此时，在【自定义功能区】选项组的【主选项卡】列表框中显示【新建选项卡(自定义)】和【新建组(自定义)】选项卡，选中【新建选项卡(自定义)】选项，单击【重命名】按钮，如图 1-21 所示。

STEP 04 打开【重命名】对话框，在【显示名称】文本框中输入"新功能"，单击【确定】按钮，如图 1-22 所示。

轻松学电脑教程系列

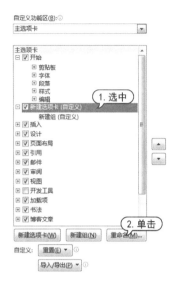

图 1-21　重命名选项卡

图 1-22　输入新选项卡名称

STEP 05　在【自定义功能区】选项组的【主选项卡】列表框中选中【新建组（自定义）】选项，单击【重命名】按钮，如图 1-23 所示。

STEP 06　打开【重命名】对话框，在【符号】列表框中选择一种符号，在【显示名称】文本框中输入"执行"，然后单击【确定】按钮，如图 1-24 所示。

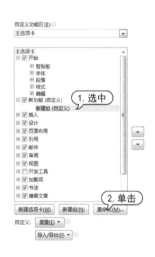

图 1-23　重命名组

图 1-24　输入新组名称

STEP 07　返回至【Word 选项】对话框，此时在【主选项卡】列表框中显示重命名后的选项卡和组，此时在【从下列位置选择命令】下列列表中选择【不在功能区中的命令】选项，并在下方的列表框中选择需要添加的按钮，这里选择【帮助】选项，单击【添加】按钮，即可将其添加到新建的【执行】组中，单击【确定】按钮，完成自定义设置，如图 1-25 所示。

STEP 08　返回至 Word 2013 工作界面，此时显示【新功能】选项卡，打开该选项卡，即可看到【执行】组中的【帮助】按钮，如图 1-26 所示。

图 1-25　添加【帮助】按钮　　　　图 1-26　显示新选项卡

1.3　Office 2013 各组件的视图模式

Office 2013 为用户提供了多种浏览文档的方式，各种组件所提供的视图模式也各有不同。下面将分别介绍 Word 2013、Excel 2013、PowerPoint 2013 各组件的视图模式。

1.3.1　Word 2013 的视图模式

Word 2013 为用户提供了多种浏览文档的视图模式，包括页面视图、阅读版式视图、Web 版式视图、大纲版式视图和草稿视图。在【视图】选项卡的【文档视图】区域中单击相应的按钮，即可切换视图模式。

▽ 页面视图：页面视图是 Word 默认的视图模式，该视图模式中显示的效果和打印效果完全一致。在页面视图中可看到页眉、页脚、水印和图形等各种元素在页面中的实际打印位置，便于用户对页面中的各种元素进行编辑，如图 1-27 所示。

▽ 阅读版式视图：为了方便用户阅读文章，Word 设置了阅读版式视图模式，该视图模式比较适用于阅读比较长的文档，如果文字较多，它会自动分成多屏以方便用户阅读。在该视图模式中可对文字进行勾画和批注，如图 1-28 所示。

图 1-27　页面视图　　　　　　图 1-28　阅读版式视图

▽ Web 版式视图：Web 版式视图是几种视图模式中唯一一个按照窗口的大小来显示文本的

视图模式,使用这种视图模式查看文档时,不需拖动水平滚动条就可以查看整行文字,如图
1-29所示。

▽ 大纲视图:对于一个具有多重标题的文档,用户可以使用大纲视图来查看该文档。这是因
为大纲视图是按照文档中标题的层次来显示文档的,用户可将文档折叠起来只看主标题,
也可展开文档查看全部内容,如图 1-30 所示。

图 1-29　Web 版式视图

图 1-30　大纲视图

▽ 草稿视图:草稿视图是 Word 中最简化的视图模式,在该视图中不显示页边距、页眉和页
脚、背景、图形图像以及没有设置为嵌入型环绕方式的图片。因此这种视图模式仅适合编
辑内容和格式都比较简单的文档,如图1-31 所示。

图 1-31　草稿视图

> **实用技巧**
>
> 　在大纲视图中,可以通过双击标题左侧的
> ⊕按钮展开或折叠文档。

 1.3.2　Excel 2013 的视图模式

在 Excel 2013 中,用户可以调整工作簿的显示方式。打开【视图】选项卡,然后可在【工作
簿视图】组中选择视图模式,主要有普通视图模式、页面布局视图模式、分页预览视图模式和自
定义视图模式。

▽ 普通视图：普通视图是 Excel 默认的视图模式，主要将网格和行号、列标等元素都显示出来，如图 1-32 所示。

▽ 页面布局视图：在页面布局视图中可看到页眉、页脚、水印和图形等各种元素在页面中的实际打印位置，便于用户对页面中的各种元素进行编辑，如图 1-33 所示。

图 1-32　普通视图

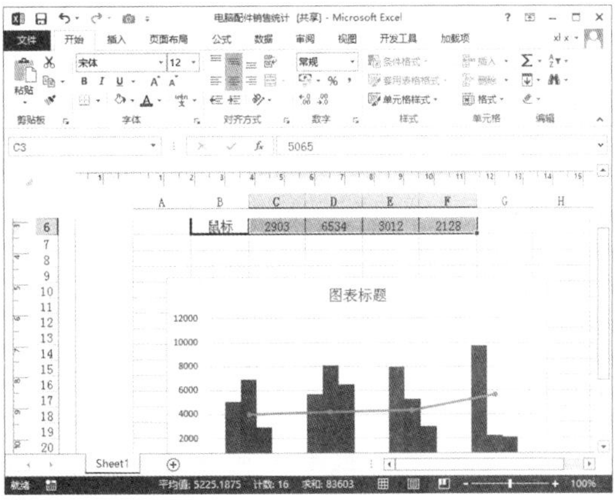

图 1-33　页面布局视图

▽ 分页预览视图：在分页预览视图中可以看到设置的 Excel 表格内容会被打印在哪一页，通过分页预览功能可以避免将一些内容打印到其他页面，如图 1-34 所示。

▽ 自定义视图：打开【视图】选项卡，在【工作簿视图】组中单击【自定义视图】按钮，将会打开如图 1-35 所示的【视图管理器】对话框，在其中用户可以自定义视图的元素。

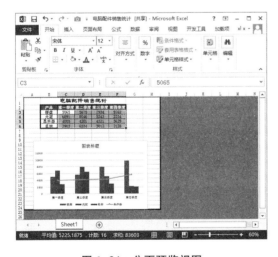

图 1-34　分页预览视图

图 1-35　【视图管理器】对话框

 实用技巧

单击状态栏右端的 ▦ ▤ ▥ 按钮同样可以切换工作簿的视图模式。

1.3.3　PowerPoint 2013 的视图模式

PowerPoint 2013 提供了普通视图、幻灯片浏览视图、备注页视图、幻灯片放映视图和阅读视图 5 种视图模式。

▽ 普通视图：PowerPoint 的普通视图又可以分为两种形式，主要区别在于 PowerPoint 工作界面最左边的预览窗格，它分为幻灯片和大纲两种形式来显示，如图 1-36 所示为幻灯片显示形式。用户可以通过在【视图】选项卡的【演示文稿视图】选项组中单击【大纲视图】按钮进行视图切换，显示大纲显示形式，如图 1-37 所示。

| 图 1-36　幻灯片普通视图 | 图 1-37　大纲普通视图 |

▽ 幻灯片浏览视图：使用幻灯片浏览视图，可以在屏幕上同时看到演示文稿中的所有幻灯片，这些幻灯片以缩略图方式显示在同一窗口中，如图 1-38 所示。

▽ 备注页视图：在备注页视图模式下，用户可以方便地添加和更改备注信息，也可以添加图形等信息，如图 1-39 所示。

| 图 1-38　幻灯片浏览视图 | 图 1-39　备注页视图 |

▽ 幻灯片放映视图：幻灯片放映视图显示的是演示文稿的最终效果。在幻灯片放映视图模式下，用户可以看到幻灯片的最终效果，如图 1-40 所示。

▽ 阅读视图：如果用户希望在一个设有简单控件的审阅窗口中查看演示文稿，而不想使用全屏的幻灯片放映视图，则可以使用阅读视图，如图 1-41 所示。

图 1-40　幻灯片放映视图

图 1-41　阅读视图

1.4　使用 Office 2013 的帮助系统

在使用 Word 2013、Excel 2013、PowerPoint 2013 各组件时，如果遇到难以弄懂的问题，这时可以求助 Office 2013 的帮助系统。

1.4.1　使用帮助系统

Office 2013 的帮助功能已经被融入到每一个组件中，用户只需单击【帮助】按钮 **?** 或者使用 F1 键，即可打开帮助窗口。下面将以 Word 2013 为例，讲解如何通过帮助系统获取帮助信息。

【例 1-3】 使用 Word 2013 的帮助系统获取帮助信息。

STEP 01 启动 Word 2013，打开一个名为"文档 1"的空白文档，单击界面右上角的【帮助】按钮 **?** 或者按 F1 键，打开帮助窗口，如图 1-42 所示。

STEP 02 单击【Word 帮助】下拉按钮，选择【来自 Office.com 的 Word 帮助】选项，如图 1-43 所示。

图 1-42　打开帮助窗口

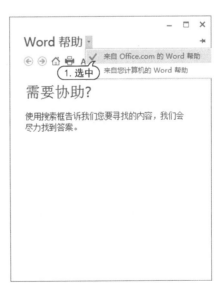

图 1-43　选择帮助选项

STEP 03 在文本框中输入"创建文档",然后单击【搜索】按钮🔍,即可联网搜索到预制的相关内容链接,单击【使用模板创建文档】链接,如图 1-44 所示。

STEP 04 此时,即可在【Word 帮助】窗口的文本区域中显示"使用模板创建文档"的相关内容,如图 1-45 所示。

图 1-44　输入文本

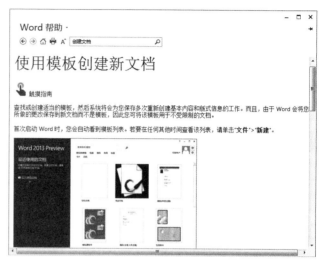

图 1-45　显示相关帮助内容

STEP 05 连续单击【后退】按钮◉,返回初始窗口,在文本框中输入文本"Word 2013 的新功能",单击【搜索】按钮🔍,再单击【Word 2013 中的新增功能】链接,如图 1-46 所示。

STEP 06 此时,即可在【Word 帮助】窗口的文本区域中显示有关于"Word 2013 中的新增功能"的内容,如图 1-47 所示。

图 1-46　输入文本

图 1-47　显示相关帮助内容

1.4.2　获取更多支持

在确保电脑已经联网的情况下,用户还可以通过强大的网络搜寻到更多的 Office 2013 帮助信息,即通过 Internet 获得更多的技术支持,比如下载语言界面包。

打开帮助窗口，单击【Word 帮助】下拉按钮，选择【来自 Office.com 的 Word 帮助】选项，如图 1-48 所示。在文本框中输入"语言界面包"，然后单击搜索按钮🔍，即可联网搜索到预制的相关内容链接，这里单击【Office 语言界面包(LIP)下载】链接，如图 1-49 所示。

图 1-48　选择帮助选项

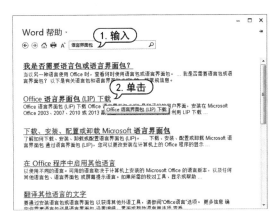

图 1-49　输入文本

显示各种语言界面包下载链接内容，这里选择【挪威语】的 Office 2013 下载包，单击【下载】链接，如图 1-50 所示。此时打开 Microsoft 官方下载网页，选择和系统相符的版本，单击下载按钮将进行下载安装，如图 1-51 所示。

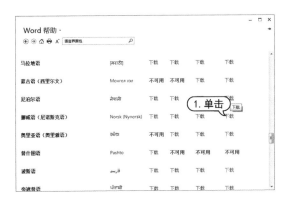

图 1-50　单击【下载】链接

图 1-51　选择版本下载

1.5　案例演练

本章的案例演练通过设置 Excel 2013 工作界面这个实例操作，使用户通过练习可以巩固本章所学知识。

【例 1-4】 设置 Excel 2013 工作界面。📹视频

STEP 01 启动 Excel 2013，单击【文件】按钮，在弹出的菜单中选择【选项】命令，如图 1-52 所示。

STEP 02 打开【Excel 选项】对话框，打开【自定义功能区】选项卡，单击右下方的【新建选项卡】按钮，如图 1-53 所示。

图 1-52　选择【选项】命令

图 1-53　单击【新建选项卡】按钮

STEP 03 此时,在【自定义功能区】选项组的【主选项卡】列表框中显示【新建选项卡(自定义)】和【新建组(自定义)】选项卡,选中【新建选项卡(自定义)】选项,单击【重命名】按钮,如图 1-54 所示。

STEP 04 打开【重命名】对话框,在【显示名称】文本框中输入"Excel 新选项",单击【确定】按钮,如图 1-55 所示。

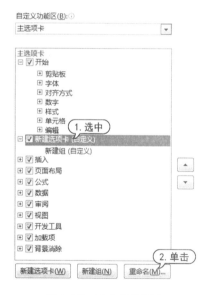

图 1-54　重命名选项卡

图 1-55　输入新选项卡名称

STEP 05 在【自定义功能区】选项组的【主选项卡】列表框中选中【新建组(自定义)】选项卡,单击【重命名】按钮,如图 1-56 所示。

STEP 06 打开【重命名】对话框,在【符号】列表框中选择一种符号,在【显示名称】文本框中输入"摄像组",然后单击【确定】按钮,如图 1-57 所示。

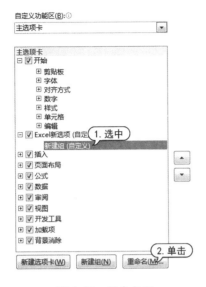

图 1-56　重命名组

图 1-57　输入新组名称

STEP 07 返回至【Excel 选项】对话框，此时在【主选项卡】列表框中显示重命名后的选项卡和组，在【从下列位置选中命令】下列列表中选择【不在功能区中的命令】选项，并在下方的列表框中选择需要添加到的按钮，这里选择【照相机】选项，单击【添加】按钮，即可将其添加到新建的【摄像组】组中，单击【确定】按钮，完成选项卡设置，如图 1-58 所示。

STEP 08 返回至 Excel 2013 工作界面，此时显示【Excel 新选项】选项卡，打开该选项卡，即可看到【摄像组】组中的【照相机】按钮，如图 1-59 所示。

图 1-58　添加【照相机】按钮

图 1-59　显示新选项卡

STEP 09 在快速访问工具栏中单击【自定义快速访问工具栏】下拉按钮，在弹出的菜单中选择【其他命令】命令，打开【Excel 选项】对话框。打开【快速访问工具栏】选项卡，在【从下列位置选择命令】下拉列表框中选择【常用命令】选项，并且在下面的列表框中选择【查看宏】选项，然后单击【添加】按钮，将【查看宏】按钮添加到【自定义快速访问工具栏】列表框中，单击【确定】按钮，如图1-60 所示。

STEP 10 此时【查看宏】按钮被添加到快速访问工具栏中，如图 1-61 所示。

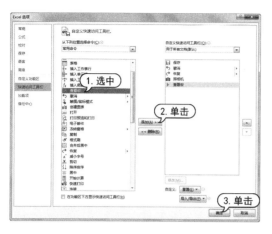

图 1-60　自定义快速访问工具栏　　　　　　　图 1-61　显示添加的按钮

第2章

Word 文本的输入和编辑

　　Word 2013 是 Office 2013 软件中用于文字编辑处理的组件,可方便地进行文字、图形、图像和数据的处理。本章将介绍 Word 2013 文档的基本操作以及输入、编辑文本等基础内容。

对应的光盘视频

2.1 Word 2013 文档基础操作

在编辑处理文档前，应先掌握文档的基本操作，如创建新文档、保存文档、打开文档和关闭文档等。只有熟悉了这些基本操作后，才能更好地使用 Word 2013。

2.1.1 新建文档

Word 文档是文本、图片等对象的载体。要在文档中进行输入或编辑等操作，首先必须创建新的文档。在 Word 2013 中用户可以创建空白文档，也可以根据现有的内容创建文档。

1. 新建空白文档

空白文档是指没有任何内容的文档。要创建空白文档，可以选择【文件】按钮，在弹出的菜单中选择【新建】命令，打开新建文档选项区域，然后在该选项区域中单击【空白文档】选项即可创建一个空白文档。

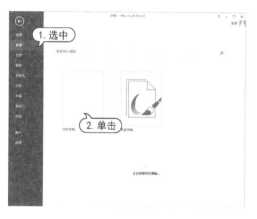 

图 2-1　新建空白文档

实用技巧

除此以外，启动 Word 2013 后系统会自动创建一个空白文档，在快速访问工具栏中单击新添加的【新建】按钮，或者按 Ctrl＋N 组合键都可以创建空白文档。

2. 新建基于模板的文档

模板是 Word 预先设置好内容格式的文档。Word 2013 为用户提供了多种具有统一规格、统一框架的文档模板，如传真、信函或简历等。使用它们可以快速地创建基于模板的文档。

【例 2-1】 在 Word 2013 中根据【个人简历】模板来创建新文档。 视频

STEP 01 启动 Word 2013，单击【文件】按钮，在弹出的菜单中选择【新建】命令，在右侧列表框中单击【个人简历】选项，如图 2-2 所示。

STEP 02 在打开的对话框中单击【创建】按钮，此时会进行联网下载该模板，如图 2-3 所示。

STEP 03 模板成功下载后，将创建如图 2-4 所示的新文档。

图 2-2　单击【个人简历】选项

图 2-3　单击【创建】按钮

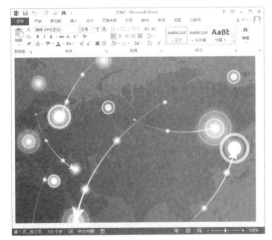

图 2-4　新建文档

2.1.2　保存文档

新建好文档后,可通过 Word 的保存功能将其存储到电脑中,便于以后打开和编辑使用。若不及时保存,文档中的信息将会丢失。

保存文档分为保存新建的文档、保存已保存过的文档、将现有的文档另存为其他文档和自动保存文档 4 种方式。

1.　保存新建的文档

在第一次保存编辑好的文档时,需要指定文件名、文件的保存位置和保存格式等信息。保存新建文档的常用操作如下:

▽ 单击【文件】按钮,在弹出的菜单中选择【保存】命令。

▽ 单击快速访问工具栏上的【保存】按钮▣。

▽ 按 Ctrl+S 快捷键。

2.　保存已保存过的文档

要对已保存过的文档进行保存时,可单击【文件】按钮,在弹出的【文件】菜单中选择【保存】命令，或单击快速访问工具栏上的【保存】按钮🖫，即可按照原有的路径、名称以及格式进行保存。

3. 将现有的文档另存为其他文档

要将当前文档另存为其他文档，可以单击【文件】按钮，在弹出的菜单中选择【另存为】命令，然后在打开的【另存为】选项区域中设定文档另存为的位置（例如选中【计算机】选项以设定将 Word 文档保存在本地计算机中），并单击【浏览】按钮打开【另存为】对话框指定文件保存的具体路径，如图 2-5 所示。

另外，用户还可以在【另存为】选项区域中选择【添加位置】选项，在打开的页面中设定新文档保存在 Office 官方网络云上，如图 2-6 所示。

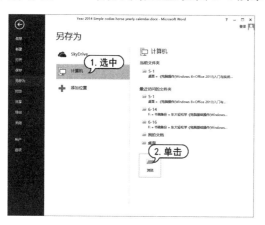

图 2-5 【另存为】选项区域

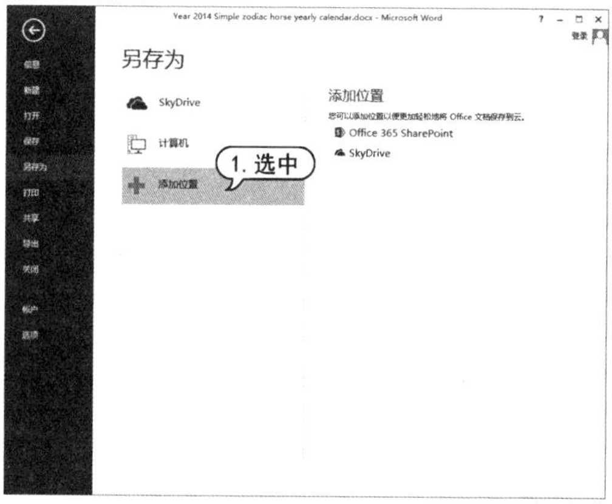

图 2-6 选择【添加位置】选项

4. 自动保存文档

用户若不习惯于随时对修改的文档进行保存操作，则可以将文档设置为自动保存。设置自动保存后，无论文档是否进行了修改，系统会根据设置的时间间隔在指定的时间自动对文档进行保存。

首先启动 Word 2013，打开一个文档，单击【文件】按钮，在弹出的菜单中选择【选项】命令，如图 2-7 所示。

打开【Word 选项】对话框的【保存】选项卡，选中【保存自动恢复信息时间间隔】复选框，在其右侧的微调框中输入【3】，单击【确定】按钮即可将自动保存的时间间隔设置为 3 分钟，如图 2-8 所示。

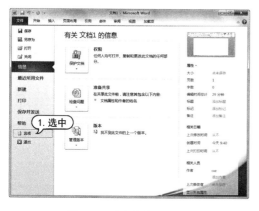

图 2-7 选择【选项】命令

图 2-8 设置自动保存

2.1.3 打开和关闭文档

打开文档是 Word 的一项基本操作,对于任何文档来说都需要先将其打开,然后才能对其进行编辑。编辑完成后,可将文档关闭。

1. 打开文档

找到文档所在的位置后,双击 Word 文档,或者右击 Word 文档,在弹出的快捷菜单中选择【打开】命令,即可直接打开该文档。

用户还可在一个已打开的文档中打开另外一个文档。单击【文件】按钮,在弹出的菜单中选择【打开】命令,然后在打开的选项区域中选择打开文件的位置(例如选择【计算机】选项)并单击【浏览】按钮,如图 2-9 所示。在打开的【打开】对话框中选中需要打开的 Word 文档并单击【打开】按钮,即可将其打开,如图 2-10 所示。

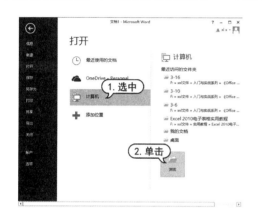

图 2-9 单击【浏览】按钮

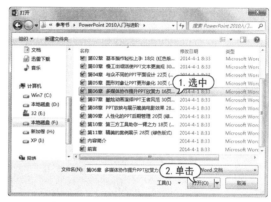

图 2-10 【打开】对话框

2. 关闭文档

不使用文档时应将其关闭。关闭文档的方法非常简单,常用的关闭文档的方法如下:

▽ 单击标题栏右侧的【关闭】按钮 × 。
▽ 按 Alt+F4 组合键。
▽ 单击【文件】按钮,在弹出的菜单中选择【关闭】命令。
▽ 右击标题栏,在弹出的快捷菜单中选择【关闭】命令。

2.2 输入文档内容

创建新文档后,要想熟练地操作文档中的文本,首先必须学会如何在文档中输入文本内容。本节将介绍普通文本、特殊字符、日期和时间的输入方法。

2.2.1 输入普通文本

当新建一个文档后,在文档的开始位置将出现一个闪烁的光标,称之为"插入点"。在 Word 文档中输入的文本都将在插入点处出现。定位了插入点的位置后,选择一种输入法,即可开始输入普通文本。

在文本的输入过程中,Word 2013 将遵循以下原则:

▽ 按下 Enter 键，将在插入点的下一行处重新创建一个新的段落，并在上一个段落的结束处显示↵符号。

▽ 按下空格键，将在插入点的左侧插入一个空格符号，它的大小将根据当前输入法的全半角状态而定。

▽ 按下 Backspace 键，将删除插入点左侧的一个字符。

▽ 按下 Delete 键，将删除插入点右侧的一个字符。

【例 2-2】 新建一个名为"海报"的文档，在其中输入普通文本。 视频+素材

STEP 01 启动 Word 2013，新建一个空白文档，单击【文件】按钮，在弹出的菜单中选择【保存】命令，如图 2-11 所示。

STEP 02 选择【计算机】选项，单击【浏览】按钮，如图 2-12 所示。

图 2-11　选择【保存】命令

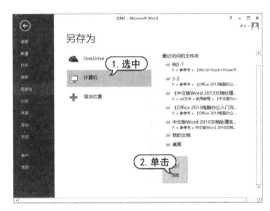

图 2-12　单击【浏览】按钮

STEP 03 打开【另存为】对话框，选择文档保存路径，在【文件名】文本框中输入"海报"，单击【保存】按钮，保存文档，如图 2-13 所示。

STEP 04 按空格键，将插入点移至页面中央位置。输入标题"管理学院篮球比赛"，如图 2-14 所示。

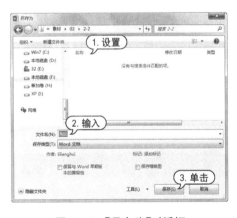

图 2-13　【另存为】对话框

图 2-14　输入标题文本

STEP 05 按 Enter 键，将插入点跳转至下一行的行首，继续输入文本"工大全体师生："，如图

2-15 所示。

STEP 06 按 Enter 键,将插入点跳转至下一行的行首,再按下 Tab 键,首行缩进 2 个字符,继续输入多段正文文本,最后将将插入点定位到文本最右侧,输入文本"管理学院学生会",如图 2-16 所示。

STEP 07 按 Ctrl + S 快捷键,保存创建的《海报》文档。

图 2-15 输入文本

图 2-16 输入多段文本

2.2.2 输入特殊字符

在输入文档时,除了可以直接通过键盘输入常用的基本符号外,还可以通过 Word 2013 的插入符号功能输入诸如☆、♀、®(注册符)以及 TM(商标符)等特殊字符。

1. 插入符号

打开【插入】选项卡,单击【符号】组中的【符号】下拉按钮 Ω符号·,从弹出的下拉菜单中选择相应的符号即可插入相应符号,如图 2-13 所示;或者选择【其他符号】命令,将打开【符号】对话框,选择要插入的符号,单击【插入】按钮,即可插入符号,如图 2-14 所示。

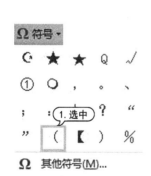

图 2-17 选择符号

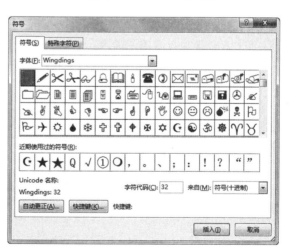

图 2-18 【符号】对话框

此外,打开【符号】对话框中的【特殊字符】选项卡,在其中可以选择®(注册符)、TM(商标符)等特殊字符,单击【插入】按钮,即可将其插入到文档中,如图 2-19 所示。

2. 插入特殊符号

要插入特殊符号,可以打开【加载项】选项卡,在【菜单命令】组中单击【特殊符号】按钮,打开【插入特殊符号】对话框,在该对话框中选择相应的符号后,单击【确定】按钮即可,如图 2-20 所示。

图 2-19 【特殊字符】选项卡

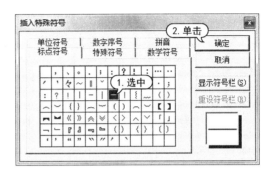

图 2-20 【插入特殊符号】对话框

【例 2-3】 在《海报》文档中输入符号。 视频+素材

STEP 01 启动 Word 2013 应用程序,打开《海报》文档。

STEP 02 将插入点定位到文本"时间"开头处,打开【插入】选项卡,在【符号】组中单击【符号】按钮,从弹出的菜单中选择【其他符号】命令,打开【符号】对话框的【符号】选项卡,在【字体】下拉列表框中选择【Wingdings】选项,在其下的列表框中选择星形符号,然后单击【插入】按钮,如图 2-21 所示。

STEP 03 将插入点定位到文本"地点"开头处,返回到【符号】对话框,单击【插入】按钮,继续插入星形符号,单击【关闭】按钮,关闭【符号】对话框,此时在文档中显示所插入的符号,如图 2-22 所示。

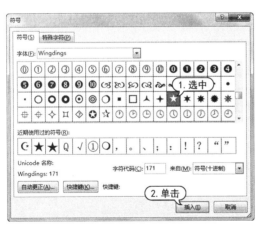

图 2-21 【符号】对话框

图 2-22 显示符号

2.2.3 输入日期和时间

使用 Word 2013 编辑文档时,可以使用插入日期和时间功能来输入当前日期和时间。

在 Word 2013 中输入日期类文本时,Word 2013 会自动显示默认格式的当前日期,按

Enter 键即可完成当前日期的输入。如果要输入其他格式的日期,除了可以手动输入外,还可以通过【日期和时间】对话框进行插入。

【例 2-4】 在《海报》文档中输入日期和时间。 📹视频+素材

STEP 01 启动 Word 2013,打开《海报》文档。将插入点定位在文档末尾,按 Enter 键换行。

STEP 02 打开【插入】选项卡,在【文本】组中单击【日期和时间】按钮。打开【日期和时间】对话框,在【语言(国家/地区)】下拉列表中选择【中文(中国)】选项,在【可用格式】列表框中选择第3 种日期格式,单击【确定】按钮,如图 2-23 所示。

STEP 03 此时在文档即插入了该日期,按空格键将该日期文本移动至结尾处,如图 2-24 所示。

图 2-23　【日期和时间】对话框

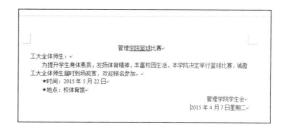

图 2-24　显示日期文本

2.3　编辑文本

　　文档录入过程中,通常需要对文本进行选取、复制、移动、删除、查找和替换等操作。熟练地掌握这些操作,可以节省大量的时间,提高文档编辑工作的效率。

2.3.1　选取文本

　　在 Word 2013 中进行文本编辑操作之前,必须选取待操作的文本。选取文本既可以使用鼠标,也可以使用键盘,还可以结合鼠标和键盘进行选取。

1. 使用鼠标选取文本

　　使用鼠标选取文本是最基本、最常用的方法。使用鼠标选取文本十分方便,一般有以下操作方式。

▽ 拖动选取:将鼠标指针定位在起始位置,按住鼠标左键不放,向目的位置拖动鼠标以选取文本。

▽ 单击选取:将鼠标光标移到要选定文本行的左侧空白处,当鼠标光标变成↗形状时,单击鼠标选取该行文本内容。

▽ 双击选取:将鼠标光标移到文本编辑区左侧,当鼠标光标变成↗形状时,双击鼠标左键即可选取该段的文本内容;将鼠标光标定位到词组中间或左侧,双击鼠标即可选取该单字或词组。

▽ 三击选取:将鼠标光标定位到要选取的段落,三击鼠标即可选取该段的所有文本;将鼠标光

标移到文档左侧空白处,当光标变成🔏形状时,三击鼠标即可选取整篇文档。

2. 使用键盘选取文本

使用键盘选取文本时,需先将插入点移动到要选取的文本的开始位置,然后按键盘上相应的快捷键即可。选取文本内容的快捷键的作用如表 2-1 所示。

表 2-1　键盘快捷键

快捷键	作　用
Shift＋→	选取光标右侧的一个字符
Shift＋←	选取光标左侧的一个字符
Shift＋↑	选取光标位置至上一行相同位置之间的文本
Shift＋↓	选取光标位置至下一行相同位置之间的文本
Shift＋Home	选取光标位置至行首之间的文本
Shift＋End	选取光标位置至行尾之间的文本
Shift＋PageDown	选取光标位置至下一屏之间的文本
Shift＋PageUp	选取光标位置至上一屏之间的文本
Ctrl＋Shift＋Home	选取光标位置至文档开始之间的文本
Ctrl＋Shift＋End	选取光标位置至文档结尾之间的文本
Ctrl＋A	选取整个文档

3. 使用键盘＋鼠标选取文本

使用鼠标和键盘结合的方式不仅可以选取连续的文本,还可以选取不连续的文本。

▽ 选取连续的较长文本:将插入点定位到要选取区域的开始位置,按住 Shift 键不放,再移动光标至要选取区域的结尾处,单击鼠标左键即可选取该区域之间的所有文本内容。

▽ 选取不连续的文本:选取任意一段文本,按住 Ctrl 键不放,再拖动鼠标选取其他文本,即可同时选取多段不连续的文本。

▽ 选取整个文档:按住 Ctrl 键不放,将光标移到文本编辑区左侧空白处,当光标变成🔏形状时,单击鼠标左键即可选取整个文档。

▽ 选取矩形文本:将插入点定位到要选取区域的开始位置,按住 Alt 键并拖动鼠标,即可选取矩形文本。

 2.3.2　移动和复制文本

在文档编辑中经常需要重复输入文本时,可以使用移动或复制文本的方法进行操作,以节省时间,加快输入和编辑的速度。

1. 移动文本

移动文本是指将当前位置的文本移到另外的位置,在移动的同时,会删除原来位置上的原有文本。移动文本后,原来位置上的文本消失。

移动文本的方法如下:

▽ 选取需要移动的文本后,按 Ctrl＋X 组合键剪切文本,再在目标位置处按 Ctrl＋V 组合键粘贴文本。

▽ 选取需要移动的文本后,在【开始】选项卡的【剪贴板】组中单击【剪切】按钮,再在目标位置处单击【粘贴】按钮。

▽ 选取需要移动的文本后,按下鼠标右键将其拖动至目标位置,松开鼠标后会弹出一个快捷菜单,在其中选择【移动到此位置】命令。

▽ 选取需要移动的文本后,单击鼠标右键,在弹出的快捷菜单中选择【剪切】命令,再在目标位置处右击,在弹出的快捷菜单中选择【粘贴】命令。

▽ 选取需要移动的文本后,按下鼠标左键不放,此时鼠标光标变为形状并出现一条虚线,移动鼠标光标,当虚线移动到目标位置时,释放鼠标即可将选取的文本移动到该处。

2. 复制文本

复制文本是指将要复制的文本移动到其他的位置,而原有文本仍然保留在原来的位置上。

复制文本的方法如下:

▽ 选取需要复制的文本后,按 Ctrl+C 组合键,把插入点移到目标位置,再按 Ctrl+V 组合键。

▽ 选取需要复制的文本后,在【开始】选项卡的【剪贴板】组中单击【复制】按钮,再将插入点移到目标位置处,单击【粘贴】按钮。

▽ 选取需要复制的文本后,按下鼠标右键将其拖动到目标位置,松开鼠标后会弹出一个快捷菜单,在其中选择【复制到此位置】命令。

▽ 选取需要复制的文本后,单击鼠标右键,在弹出的快捷菜单中选择【复制】命令,再把插入点移到目标位置,单击鼠标右键,在弹出的快捷菜单中选择【粘贴】命令。

2.3.3　查找和替换文本

在篇幅比较长的文档中,使用 Word 2013 提供的查找与替换功能可以快速地找到文档中的某个信息或更改全文中多次出现的词语,从而无需反复地查找文本,使操作变得较为简单,节约办公时间,提高工作效率。

【例 2-5】 在《海报》文档中查找文本“工大”并将其替换为“南大”。

STEP 01 启动 Word 2013,打开《海报》文档。在【开始】选项卡的【编辑】组中单击【查找】按钮,打开导航窗格。

STEP 02 在【导航】文本框中输入文本“工大”,此时 Word 2013 自动在文档编辑区中以黄色高亮显示所查找到的文本,如图 2-25 所示。

STEP 03 在【开始】选项卡的【编辑】组中单击【替换】按钮,打开【查找和替换】对话框,打开【替换】选项卡,此时【查找内容】文本框中显示文本“工大”,在【替换为】文本框中输入文本“南大”,单击【全部替换】按钮,如图 2-26 所示。

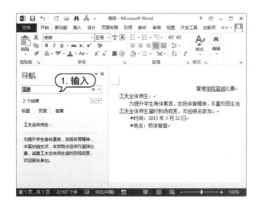

图 2-25　输入文本

图 2-26　替换文本

STEP 04 替换完成后,打开完成替换提示框,单击【确定】按钮,如图 2-27 所示。

STEP 05 返回至【查找和替换】对话框,单击【关闭】按钮,返回文档窗口,查看替换后的文本,如图 2-28 所示。

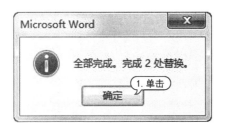

图 2-27　单击【确定】按钮

图 2-28　查看替换后的文本

2.3.4　删除文本

删除文本的操作方法如下:

▽ 按 Backspace 键,删除光标左侧的文本;按 Delete 键,删除光标右侧的文本。

▽ 选取需要删除的文本,在【开始】选项卡的【剪贴板】组中单击【剪切】按钮即可。

▽ 选取需要删除的文本,按 BackSpace 键或 Delete 键均可删除所选取文本。

此外,Word 2013 状态栏中显示有改写和插入两种状态。在改写状态下,输入的文本将会覆盖其后的文本,而在插入状态下,会自动将插入位置后的文本向后移动。Word 默认的状态是插入,若要更改状态,可以在状态栏中单击【插入】按钮,此时将显示【改写】按钮,单击该按钮,则返回至插入状态。按 Insert 键同样可以在这两种状态间切换。

2.4　设置文本和段落

在 Word 2013 中,为了使文档更加美观、条理更加清晰,用户可以对文本格式和段落格式进行设置。

2.4.1　设置字体格式

在 Word 文档中输入的文本的默认字体为宋体,默认字号为五号,为了使文档更加美观、条理更加清晰,通常需要对文本进行格式化操作,如设置字体、字号、字体颜色、字形、字体效果和字符间距等。

1. 使用【字体】组设置

选中要设置格式的文本,在功能区中打开【开始】选项卡,使用【字体】组中提供的按钮即可设置文本格式。

如图 2-29 所示的【字体】组中的按钮可以快捷地格式化文本,其中比较常用的按钮作用如下。

▽ 字体:指文本的外观,Word 2013 提供了多种字体,默认字体为宋体。

▽ 字形:指文本的一些特殊外观,例如加粗、倾斜、下划线、上标和下标等,单击【删除线】按钮 abc 可以为文本添加删除线效果。

▽ 字号：指文字的大小，Word 2013 提供了多种字号。
▽ 字符边框：为文本添加边框，带【圈字符】按钮可为字符添加圆圈效果。
▽ 文本效果：为文本添加特殊效果，单击该按钮，在弹出的菜单中选择相应的选项可以为文本设置轮廓、阴影、映像和发光等效果。
▽ 字体颜色：指文本的颜色，单击【字体颜色】按钮右侧的下拉箭头，在弹出的菜单中选择需要的颜色选项即可。
▽ 字符缩放：增大或者缩小字符。
▽ 字符底纹：为文本添加底纹效果。

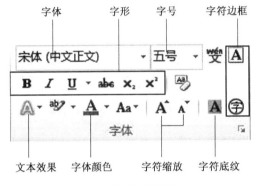

图 2-29　【字体】组　　　　　图 2-30　浮动工具栏

2. 使用浮动工具栏设置

选中要设置格式的文本，此时被选中文本区域的右上角将出现浮动工具栏，使用浮动工具栏提供的命令按钮可以进行文本格式的设置，如图 2-30 所示。

3. 使用【字体】对话框设置

打开【开始】选项卡，单击对话框启动器按钮，打开【字体】对话框，即可进行文本格式的相关设置。其中，通过【字体】选项卡可以设置字体、字形、字号、字体颜色和效果等，通过【高级】选项卡可以设置文本之间的间隔距离和位置，如图 2-31 和 2-32 所示。

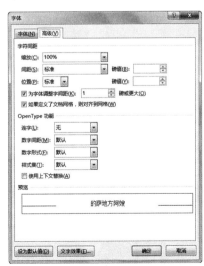

图 2-31　【字体】选项卡　　　　　图 2-32　【高级】选项卡

【例 2-6】 在 Word 中输入文本并设置字体格式。 ◉视频+素材

STEP 01 启动 Word 2013,新建一个 Word 文档,然后在文档中输入文本,如图 2-33 所示。

STEP 02 选中标题文本"酒",然后在【开始】选项卡的【字体】组中单击【字体】下拉按钮,并在弹出的下拉列表中选择【微软雅黑】选项,如图 2-34 所示。

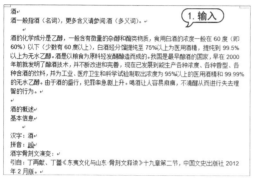

图 2-33　输入文本　　　　　　　　图 2-34　设置标题字体

STEP 03 在【开始】选项卡的【字体】组中单击【字号】下拉按钮,在弹出的下拉列表中选择【26】选项,为文本设置字号,效果如图 2-35 所示。

STEP 04 在【开始】选项卡的【段落】组中单击【居中】按钮,如图 2-36 所示。

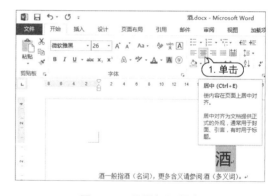

图 2-35　设置标题字号　　　　　　图 2-36　设置标题居中

STEP 05 继续选中标题文本,在【开始】选项卡的【字体】组中单击【字体颜色】下拉按钮,在打开的颜色面板中选择【黑色,文字 1,淡色 15%】选项,为文本设置颜色,如图 2-37 所示。

STEP 06 选中正文的第一段文本,在【字体】组中单击对话框启动器按钮 ,如图 2-38 所示。

STEP 07 在【字体】对话框中打开【字体】选项卡,在【中文字体】下拉列表中选择【方正黑体简体】选项,在【字形】列表框中选择【常规】选项;在【字号】列表框中选择【10.5】选项,单击【字体颜色】下拉按钮,在打开的颜色面板中选择【深蓝】选项,单击【确定】按钮,如图 2-39 所示。

STEP 08 使用同样的方法设置文档中其余文本的字号为【10】,颜色为【黑色】,字体为【宋体】,单击快速访问工具栏的【保存】按钮,保存修改后的文档,效果如图 2-40 所示。

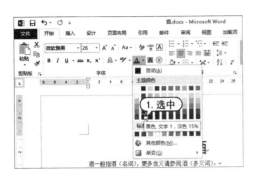

图 2-37　设置标题字体颜色

图 2-38　单击对话框启动器按钮

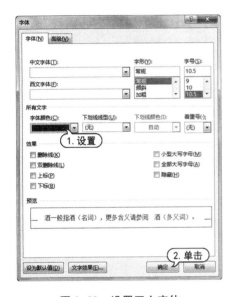

图 2-39　设置正文字体

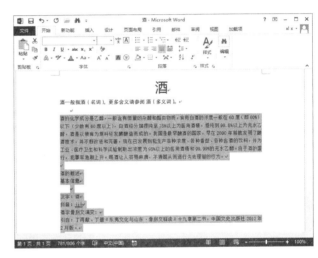

图 2-40　设置其余文本

 2.4.2　设置段落对齐

段落对齐指文档边缘的对齐方式,包括两端对齐、居中对齐、左对齐、右对齐和分散对齐。这 5 种对齐方式的说明如下。

▽ 两端对齐:为系统默认设置,两端对齐时文本左右两端均对齐,但是段落最后不满一行的文本右边是不对齐的。

▽ 左对齐:文本的左边对齐,右边参差不齐。

▽ 右对齐:文本的右边对齐,左边参差不齐。

▽ 居中对齐:文本居中排列。

▽ 分散对齐:文本左右两边均对齐,而且每个段落的最后一行文本不满一行时,将拉开字符间距使该行均匀分布。

设置段落对齐方式时,应先选定要对齐的段落或将插入点定位到新段落的任意位置,然后可以通过单击【开始】选项卡的【段落】组(或浮动工具栏)中的相应按钮来实现,也可以通过【段落】对话框来实现。使用【段落】组是最快捷方便,也是最常使用的方法。

【例 2-7】 在《酒》文档中通过【段落】对话框设置段落对齐方式。 🔵视频+素材

STEP 01 启动 Word 2013,打开《酒》文档,选中正文第一段文本,然后在【开始】选项卡的【段落】组中单击对话框启动器按钮📧,打开【段落】对话框,再单击【对齐方式】下拉按钮,在弹出的下拉列表中选择【居中】选项,单击【确定】按钮,如图 2-41 所示。

STEP 02 此时文档中第一段文本的效果如图 2-42 所示。

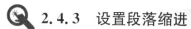

图 2-41　设置段落对齐方式

图 2-42　显示效果

2.4.3　设置段落缩进

段落缩进是指设置段落中的文本与页边距之间的距离。Word 2013 提供了以下 4 种段落缩进方式。

▽ 左缩进:设置整个段落左边界的缩进位置。

▽ 右缩进:设置整个段落右边界的缩进位置。

▽ 悬挂缩进:设置段落中除首行以外的其他行的起始位置。

▽ 首行缩进:设置段落中首行的起始位置。

用户一般可以用标尺或者【段落】对话框设置段落缩进。

1. 使用标尺设置段落缩进

在 Word 2013 中选中【视图】选项卡,然后在该选项卡的【显示】组中选中【标尺】复选框即可显示标尺,如图 2-43 所示。通过水平标尺可以快速设置段落的缩进方式及缩进量。水平标尺中包括首行缩进标尺、悬挂缩进、左缩进和右缩进 4 个标记。拖动各标记即可设置相应的段落缩进方式,如图 2-44 所示。

图 2-43　显示标尺

图 2-44　标尺的使用

2．使用【段落】对话框设置段落缩进

使用【段落】对话框可以准确地设置缩进数值。打开【开始】选项卡,在【段落】组中单击对话框启动器按钮,打开【段落】对话框的【缩进和间距】选项卡,在【缩进】选项区域中可以设置段落缩进数值。

【例 2-8】 在《酒》文档中通过【段落】对话框设置段落缩进。 视频+素材

STEP 01 启动 Word 2013,打开《酒》文档。

STEP 02 选中正文第二段文本,然后在【开始】选项卡的【段落】组中单击对话框启动器按钮,打开【段落】对话框,选择【缩进和间距】选项卡,然后在【缩进】选项区域中单击【特殊格式】下拉按钮,在弹出的下拉列表中选中【首行缩进】选项,并在【缩进值】文本框中输入【2 字符】,单击【确定】按钮,如图 2-45 所示。

STEP 03 此时文档中第二段文本的效果如图 2-46 所示。

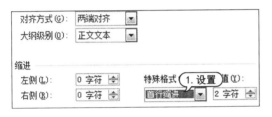
图 2-45　设置段落缩进

图 2-46　显示效果

2.4.4　设置段落间距

段落间距的设置包括对文档行间距与段间距的设置,其中,行间距是指段落中行与行之间的距离;段间距是指前后相邻的段落之间的距离。

Word 2013 默认的行间距值是单倍行距。打开【段落】对话框的【缩进和间距】选项卡,在【行距】下拉列表中选择【单倍行距】选项并在【设置值】微调框中输入值,可以重新设置行间距;在【段前】和【段后】微调框中输入值,可以设置段间距。

【例 2-9】 在《酒》文档中设置标题的段落间距。 视频+素材

STEP 01 启动 Word 2013,打开《酒》文档后将插入点定位在标题"酒"的前面。

STEP 02 选择【开始】选项卡,在【段落】组中单击对话框启动器按钮,打开【段落】对话框。选择【缩进和间距】选项卡,在【间距】选项区域中的【段前】和【段后】微调框中输入"1 行",单击【确定】按钮,如图 2-47 所示。

STEP 03 此时完成段落间距的设置,文档中标题"酒"的显示效果如图 2-48 所示。

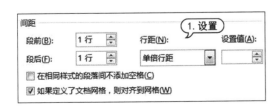
图 2-47　设置段落间距

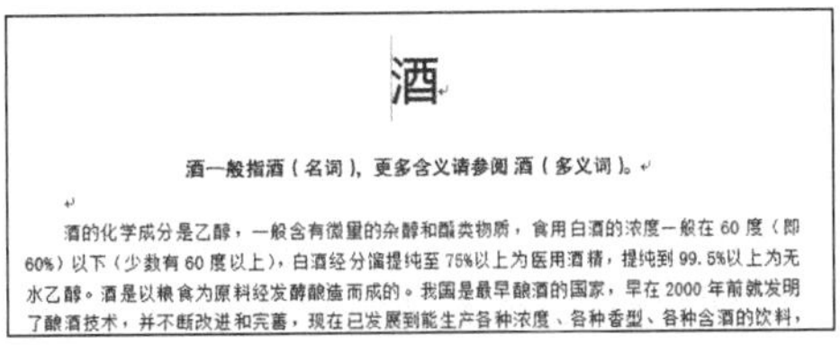

图 2-48　标题显示效果

STEP 04 按住 Ctrl 键选中从第二段开始的所有正文,再次单击对话框启动器按钮,打开【段落】对话框的【缩进和间距】选项卡。在【行距】下拉列表中选择【固定值】选项,在其右侧的【设置值】微调框中输入"18 磅",单击【确定】按钮,如图 2-49 所示。

STEP 05 此时完成段落行距的设置,文档中正文的显示效果如图 2-50 所示。

图 2-49　设置段落行距

图 2-50　正文显示效果

2.5　设置项目符号和编号

在 Word 2013 中使用项目符号和编号列表,可以对文档中并列的项目进行组织,或者将顺序的内容进行编号,以使这些项目的层次结构更有条理。

2.5.1　添加项目符号和编号

Word 2013 提供了自动添加项目符号和编号的功能。在以"1."、"(1)"、"a"等字符开始的段落中按下 Enter 键,下一段开头将会自动出现"2."、"(2)"、"b"等字符。

此外,选取要添加符号的段落,打开【开始】选项卡,在【段落】组中单击【项目符号】下拉按钮,将自动在每一段落前面添加项目符号;单击【编号】下拉按钮,将以"1."、"2."、"3."的形式编号。

【例 2-10】 在《酒》文档中添加编号和项目符号。 视频+素材

STEP 01 启动 Word 2013,打开《酒》文档后,选中文档中需要设置编号的文本,如图 2-51 所示。

STEP 02 打开【开始】选项卡,在【段落】组中单击【编号】下拉按钮,在弹出的列表框中选择一种编号样式,如图 2-52 所示。

STEP 03 此时,Word 根据所选的编号样式自动为所选段落添加编号,效果如图 2-53 所示。

STEP 04 选中文档中需要添加项目符号的文本,如图 2-54 所示。

STEP 05 在【段落】组中单击【项目符号】下拉按钮,在弹出的列表框中选择一种项目符号样式,如图 2-55 所示。

STEP 06 此时,Word 自动为所选段落添加项目符号,如图 2-56 所示。

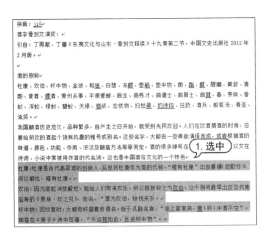

图 2-51　选中文本

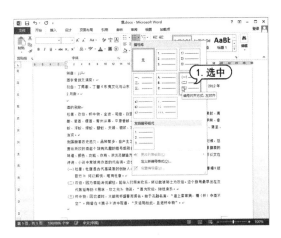

图 2-52　选择编号样式

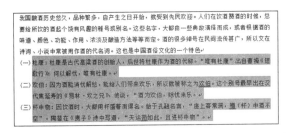

图 2-53　显示编号

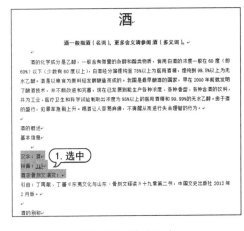

图 2-54　选中文本

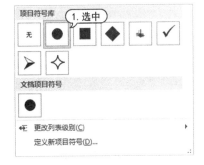

图 2-55　选择项目符号样式

图 2-56　显示项目符号

2.5.2　自定义项目符号和编号

在使用自动添加项目符号和编号功能时,用户除了可以使用系统自带的项目符号和编号样式外,还可以对项目符号和编号进行自定义设置,以满足不同用户的需求。

1. 自定义项目符号

选取待添加项目符号的段落，打开【开始】选项卡，在【段落】组中单击【项目符号】下拉按钮 ⋮⋅，在弹出的下拉菜单中选择【定义新项目符号】命令，打开【定义新项目符号】对话框，然后单击【图片】按钮，如图 2-57 所示。在打开的【插入图片】对话框中选择一张图片作为新的项目符号，如图 2-58 所示。

图 2-57 【定义新项目符号】对话框

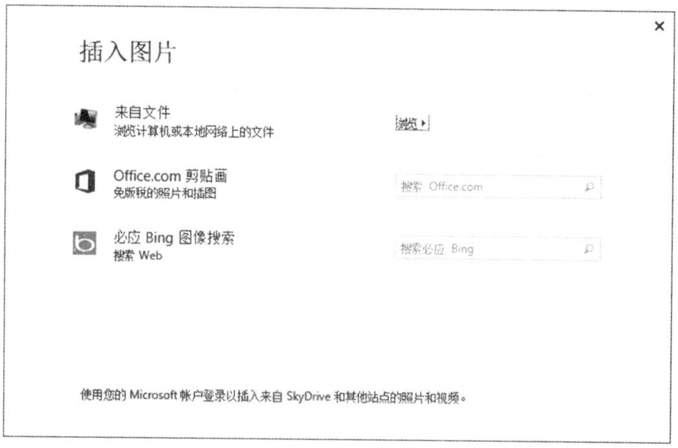

图 2-58 【插入图片】对话框

在【定义新项目符号】对话框中单击【字体】按钮，打开【字体】对话框，可设置用于项目符号的字体，如图 2-59 所示。在【定义新项目符号】对话框中单击【符号】按钮，打开【符号】对话框，可从中选择合适的符号作为项目符号，如图 2-60 所示。

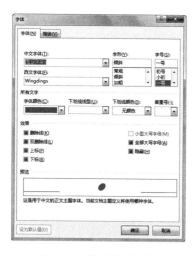

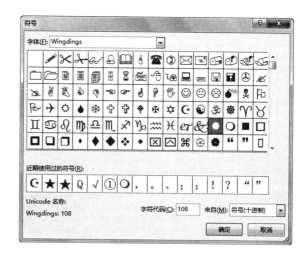

图 2-59 【字体】对话框

图 2-60 【符号】对话框

2. 自定义编号

选取待添加编号的段落，打开【开始】选项卡，在【段落】组中单击【编号】下拉按钮 ⋮⋅，在弹出的下拉菜单中选择【定义新编号格式】命令，打开【定义新编号格式】对话框，如图 2-61 所示。在【编号样式】下拉列表中选择其他编号样式，并在【编号格式】文本框中输入起始编号；单击【字体】按钮，在打开的【字体】对话框中设置项目编号的字体；在【对齐方式】下拉列表中选择编号的对齐方式。

　　此外，在【开始】选项卡的【段落】组中单击【编号】按钮，在弹出的下拉菜单中选择【设置编号值】命令，打开【起始编号】对话框，在其中可设置编号的起始数值，如图 2-62 所示。

图 2-61　【定义新编号格式】对话框　　　图 2-62　【起始编号】对话框

2.6　设置边框和底纹

　　在使用 Word 2013 进行文本处理时，为了使文档更加引人注目，可根据需要为文本和段落添加各种各样的边框和底纹，以增加文档的生动性和实用性。

2.6.1　设置边框

　　Word 2013 提供了多种边框供用户选择，用来强调或美化文档内容。在 Word 中可以为字符、段落、整个页面设置边框。

1. 为文本或段落设置边框

　　选择要添加边框的文本或段落，打开【开始】选项卡，在【段落】组中单击【下框线】下拉按钮，在弹出的菜单中选择【边框和底纹】命令，打开【边框和底纹】对话框的【边框】选项卡，在其中进行相关设置。

【例 2-11】 在《酒》文档中为文本和段落设置边框。视频+素材

STEP 01 启动 Word 2013，打开《酒》文档后，按 Ctrl + A 快捷键选中所有文本。打开【开始】选项卡，在【段落】组中单击【下框线】下拉按钮，在弹出的菜单中选择【边框和底纹】命令，如图 2-63 所示。

STEP 02 打开【边框和底纹】对话框的【边框】选项卡，在【设置】选项区域中选择【三维】选项；在【样式】列表框中选择一种线型样式；在【颜色】下拉列表中选择【深红】色块；在【宽度】下拉列表中选择【3.0 磅】选项，单击【确定】按钮，如图 2-64 所示。

Word＋Excel＋PowerPoint 2013 办公应用

图 2-63　选择【边框和底纹】命令　　　　图 2-64　设置边框

STEP 03 此时，即可为文档中所有段落添加一个三维的边框，如图 2-65 所示。

STEP 04 选择第二段文本，使用同样的方法打开【边框和底纹】对话框，在【样式】列表框中选择一种虚线样式；在【颜色】下拉列表中选择【绿色】色块，在【应用于】下拉列表中选择【文字】选项，单击【确定】按钮，如图 2-66 所示。

图 2-65　添加边框

图 2-66　设置边框

STEP 05 此时，即可为文档中第二段文本添加一个绿色虚线的边框，如图 2-67 所示。

图 2-67　显示效果

实用技巧

除了使用上述方法对文本边框进行设置，用户还可以打开【开始】选项卡，在【字体】组中使用【字符边框】按钮对文本边框进行快速设置。

轻松学电脑教程系列

2. 为页面设置边框

设置页面边框可以为打印出的文档增加美观度。可打开【边框和底纹】对话框的【页面边框】选项卡,在其中进行设置,只需在【艺术型】下拉列表选择一种艺术型样式后单击【确定】按钮,即可为页面应用艺术型边框,如图 2-68 所示。

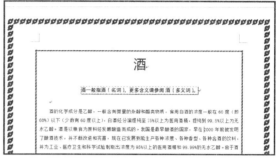

图 2-68　设置页面边框

2.6.2　设置底纹

设置底纹不同于设置边框,底纹只能对文本或段落添加,而不能对页面添加。

打开【边框和底纹】对话框的【底纹】选项卡,可在其中对填充的颜色和图案等进行相关设置。需要注意的是,在【应用于】下拉列表中可以设置添加底纹的对象,可以是文本或段落。

【例 2-12】 在《酒》文档中为文本和段落设置底纹。●视频+素材

STEP 01 启动 Word 2013,打开《酒》文档后,选取第三段文本,打开【开始】选项卡,在【字体】组中单击【以不同颜色突出显示文本】按钮,即可快速为文本添加黄色底纹,如图 2-69 所示。

STEP 02 选取所有的文本,打开【开始】选项卡,在【段落】组中单击【下框线】下拉按钮,在下拉菜单中选择【边框和底纹】命令,打开【边框和底纹】对话框,打开【底纹】选项卡,单击【填充】下拉按钮,选择【橙色】色块,在【应用于】下拉列表中选择【段落】选项,单击【确定】按钮,如图 2-70 所示。

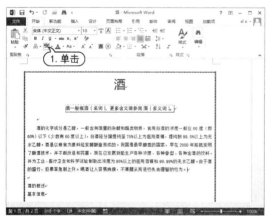

图 2-69　为文本添加黄色底纹　　　　图 2-70　设置段落底纹

STEP 03 此时将为文档中所有段落添加了一种橙色的底纹,如图 2-71 所示。

STEP 04 使用同样的方法,为最后三段文本添加蓝色底纹(在【底纹】选项卡的【应用于】下拉列表中选择【文字】选项),如图 2-72 所示。

图 2-71　段落底纹显示效果

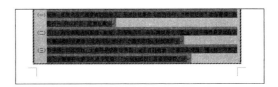

图 2-72　文本底纹显示效果

2.7　案例演练

本章的案例演练通过制作《招聘启事》文档这个实例操作,使用户通过练习可以巩固本章所学知识。

【例 2-13】 新建《招聘启事》文档,输入并设置文本和段落。　视频+素材

STEP 01 启动 Word 2013,新建一个空白演示文稿文档,并将其以《招聘启事》为名保存,如图 2-73 所示。

STEP 02 在文档的默认文本插入点处输入文本"招聘启事",然后按下 Enter 键,如图 2-74 所示。

图 2-73　新建文档

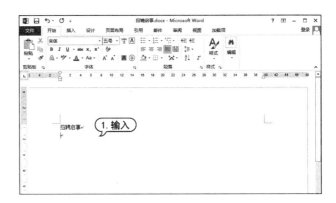

图 2-74　输入标题文本

STEP 03 连续按 4 下空格键,使首行缩进 2 个字符,输入文档第 1 段内容,如图 2-75 所示。

STEP 04 完成文档第 1 段的输入后,按下 Enter 键,接着输入第 2 段文档内容,如图 2-76 所示。

STEP 05 使用相同的方法在文档中输入更多内容,如图 2-77 所示。

STEP 06 选中文档第一行文本"招聘启事",然后选择【开始】选项卡,在【字体】组中单击【字体】下拉按钮,在弹出的下拉列表中选中【微软雅黑】选项,设置文本的字体,如图 2-78 所示。

图 2-75　输入第 1 段文本

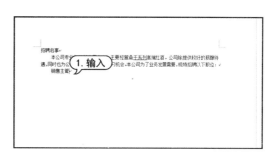

图 2-76　输入第 2 段文本

图 2-77　输入其余文本

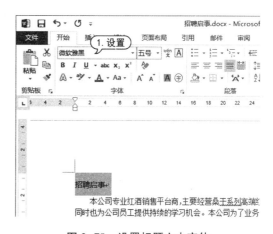

图 2-78　设置标题文本字体

STEP 07 在【字体】组中单击【字号】下拉按钮,在弹出的下拉中选中【小一】选项,设置文本的字号,如图 2-79 所示。

STEP 08 在【开始】选项卡的【段落】组中单击【居中】按钮,设置文本居中,如图 2-80 所示。

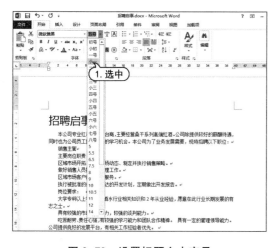

图 2-79　设置标题文本字号

图 2-80　设置标题文本居中

STEP 09 选中正文第 2 段内容,然后使用同样的方法设置文本的字体、字号和对齐方式,如图 2-81 所示。

STEP 10 保持文本的选中状态,然后单击【开始】选项卡的【剪贴板】组中的【格式刷】按钮,如图

2-82 所示。

图 2-81　设置第 2 段文本

图 2-82　单击【格式刷】按钮

STEP 11 在需要套用格式的文本上单击并按住鼠标左键拖拽,套用文本格式,如图 2-83 所示。

STEP 12 选中文档中的文本"主要岗位职责:",然后在【开始】选项卡的【字体】组中单击【加粗】按钮,如图 2-84 所示。

图 2-83　套用文本格式

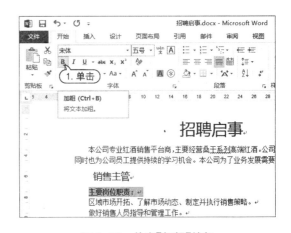

图 2-84　单击【加粗】按钮

STEP 13 在【开始】选项卡的【段落】组中单击对话框启动器按钮,如图 2-85 所示。

STEP 14 打开【段落】对话框,在【段前】和【段后】文本框中输入"0.5"后,单击【确定】按钮,如图 2-86 所示。

STEP 15 使用同样的方法为文档中其他段落的字体添加加粗效果并设置段落间距,如图 2-87 所示。

STEP 16 选中文档中第 4～7 段文本,在【开始】选项卡的【段落】组中单击【编号】按钮,为段落添加编号,如图 2-88 所示。

STEP 17 选中文档中第 9～11 段文本,在【开始】选项卡的【段落】组中单击【项目符号】下拉按钮,在弹出的下拉列表中选中一种项目符号样式,如图 2-89 所示。

STEP 18 使用同样的方法为文档中其他段落设置项目符号与编号后,选中文档中最后两段文本,在【开始】选项卡的【段落】组中单击【右对齐】按钮,如图 2-90 所示。

STEP 19 在快速访问工具栏中单击【保存】按钮📄保存文档。

图 2-85　单击对话框启动器按钮　　　　图 2-86　设置段落间距

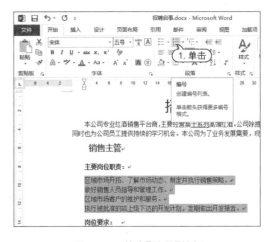

图 2-87　设置段落格式　　　　图 2-88　单击【编号】按钮

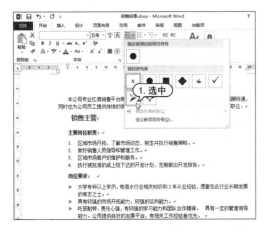

图 2-89　设置项目符号　　　　图 2-90　单击【右对齐】按钮

第3章

图文混排修饰文档

在文档中适当地插入一些图形、图片和表格等对象，不仅会使文章显得生动有趣，还能帮助读者更快地理解文档内容。本章主要介绍 Word 2013 的绘图和图形处理功能，从而制作出图文并茂的文档。

对应的光盘视频

3.1　插入表格

为了更形象地说明问题,常常需要在文档中制作各种各样的表格。Word 2013 提供了强大的表格制作功能,可以快速地创建与编辑表格。

3.1.1　创建表格

Word 2013 中可以使用多种方法来创建表格。

▽ 使用表格网格框创建表格:打开【插入】选项卡,单击【表格】组中的【表格】按钮,在弹出的菜单中会出现一个网格框,在其中拖动鼠标确定要创建表格的行数和列数,然后单击鼠标左键即可创建一个规则表格,如图 3-1 所示。

▽ 使用对话框创建表格:打开【插入】选项卡,在【表格】组中单击【表格】按钮,在弹出的菜单中选择【插入表格】命令,打开【插入表格】对话框。在【列数】和【行数】微调框中可以指定表格的列数和行数,然后单击【确定】按钮即可,如图 3-2 所示。

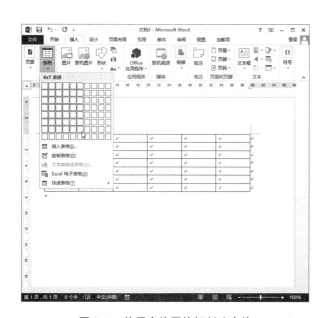
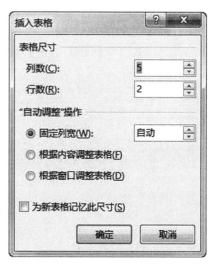

图 3-1　使用表格网格框创建表格　　　图 3-2　【插入表格】对话框

▽ 绘制不规则表格:打开【插入】选项卡,在【表格】组中单击【表格】按钮,在弹出的菜单中选择【绘制表格】命令,此时鼠标光标变为∅形状,按住鼠标左键不放并拖动鼠标,会出现一个表格的虚框,待达到合适大小后,释放鼠标左键即可生成表格的边框,接着在表格边框的任意位置选择一个起点后按住鼠标左键不放并向右(或向下)拖动绘制出表格中的横线(或竖线),如图 3-3 所示。

▽ 插入内置表格:打开【插入】选项卡,在【表格】组中单击【表格】按钮,在弹出的菜单中选择【快速表格】命令的相应子命令即可,如图 3-4 所示。

图 3-3　绘制表格　　　　　　　　　图 3-4　插入内置表格

【例 3-1】 创建《员工工资表》文档，在其中插入表格并输入表格文本。 视频+素材

STEP 01 启动 Word 2013，新建一个《员工工资表》文档，输入表格标题为"5 月份员工工资表"，设置字体为"微软雅黑"，字号为"二号"，字体颜色为"蓝色"，对齐方式为"居中"，如图3-5 所示。

STEP 02 将插入点定位到标题下一行，打开【插入】选项卡，在【表格】组中单击【表格】按钮，在弹出的菜单中选择【插入表格】命令，如图 3-6 所示。

图 3-5　输入标题文本

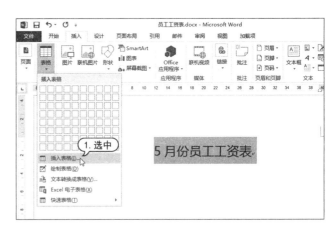

图 3-6　选择【插入表格】命令

STEP 03 在打开的【插入表格】对话框的【列数】和【行数】文本框中分别输入数值"8"和"12"，选中【固定列宽】单选按钮，并在其后的文本框中选择【自动】选项，单击【确定】按钮，关闭对话框，如图 3-7 所示。

STEP 04 此时，在文档中插入了一个 8×12 的规则表格，如图 3-8 所示。

STEP 05 将插入点定位到第 1 行第 1 个单元格中，输入文本"姓名"，如图 3-9 所示。

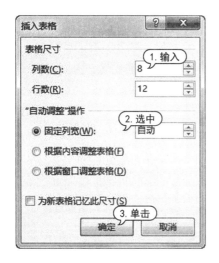

图 3-7　【插入表格】对话框

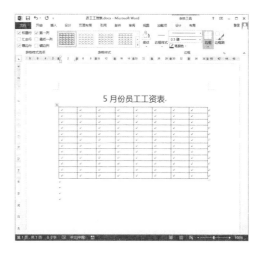

图 3-8　表格显示效果

STEP 06 按下 Tab 键,定位到下一个单元格,使用同样的方法,依次在单元格中输入文本内容,如图 3-10 所示。

STEP 07 在快速访问工具栏中单击【保存】按钮■将文档保存。

图 3-9　输入文本　　　　　　　　　　　　　　　　图 3-10　输入文本

3.1.2　编辑表格

表格创建完成后,还需要对其进行编辑与设置,如设置行高和列宽、合并和拆分单元格、设计表格外观等,以满足用户的不同需要。

【例 3-2】 在《员工工资表》文档中设置表格格式和外观。 📹视频+素材

STEP 01 启动 Word 2013,打开《员工工资表》文档,选定表格的第 1 行,打开【布局】选项卡,然后在【单元格大小】组中单击对话框启动器按钮■,如图 3-11 所示。

STEP 02 在打开的【表格属性】对话框中选择【行】选项卡,然后选中【指定高度】复选框,在其后的微调框中输入"1.2 厘米",在【行高值是】下拉列表中选择【固定值】选项,并单击【确定】按钮,如图 3-12 所示。

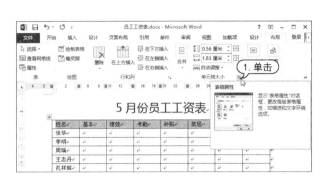

图 3-11　单击按钮

图 3-12　设置行高

STEP 03 选定表格的第 2 列,打开【表格属性】对话框的【列】选项卡,选中【指定宽度】复选框,在其后的微调框中输入"1.2 厘米",单击【确定】按钮,如图 3-13 所示。

STEP 04 使用同样的方法,将表格的第 1、7、8 列的列宽均设置为 2.2 厘米,如图 3-14 所示。

图 3-13　设置列宽

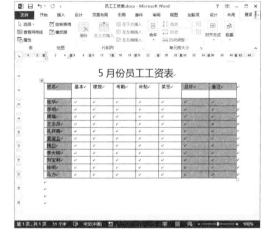

图 3-14　表格显示效果

STEP 05 单击表格左上方的田按钮,选定整个表格,如图 3-15 所示。

STEP 06 打开【布局】选项卡,在【对齐方式】组中单击【水平居中】按钮,使表格中的文字水平居中,如图 3-16 所示。

图 3-15　选定整个表格

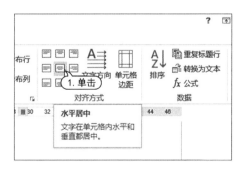

图 3-16　单击【水平居中】按钮

STEP 07 选中整个表格,打开【设计】选项卡,然后在【表格样式】组中单击【其他】▾按钮,在弹出的列表框中选择【网格表 1,浅色,着色 1】选项,为表格快速应用该底纹样式,如图 3-17 所示。

STEP 08 选中整个表格,在【设计】选项卡的【表格样式】组中单击【边框】下拉按钮,在弹出的菜单中选择【边框和底纹】命令,如图 3-18 所示。

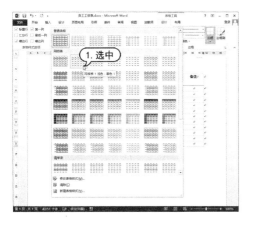

图 3-17　应用底纹样式

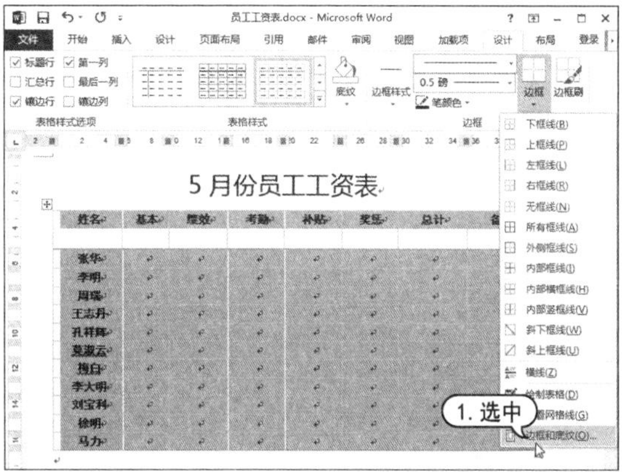

图 3-18　选择【边框和底纹】选项

STEP 09 在打开的【边框和底纹】对话框中选中【边框】选项卡,在【样式】列表框中选择一种线型,在【颜色】下拉列表中选择【蓝色】色块,在【预览】选项区域中分别单击【上框线】、【下框线】、【内部横框线】和【内部竖框线】等按钮,然后单击【确定】按钮,如图 3-19 所示。

STEP 10 完成边框的设置,此时将为表格应用自定义边框颜色,如图 3-20 所示。

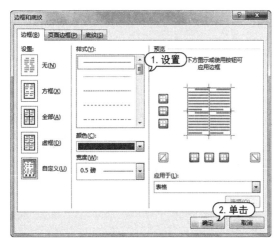

图 3-19　设置边框

图 3-20　边框显示效果

3.2 插入图片

　　为了使文档更加美观、生动,可以在其中插入图片。在 Word 2013 中,不仅可以插入系统提供的剪贴画,还可以从其他程序或位置导入图片,甚至可以使用屏幕截图功能直接从屏幕中截取画面。

3.2.1 插入计算机中的图片

用户可以直接将保存在计算机中的图片插入 Word 文档中，也可以将来自扫描仪或其他图形软件的图片插入到 Word 文档中。

【例 3-3】 在《酒》文档中插入计算机中的图片。 视频+素材

STEP 01 启动 Word 2013，打开《酒》文档，将插入点定位在文档中合适的位置上，然后打开【插入】选项卡，在【插图】组中单击【图片】按钮，如图 3-21 所示。

STEP 02 在打开的【插入图片】对话框中选中图片，单击【插入】按钮即可，如图 3-22 所示。

图 3-21　单击【图片】按钮

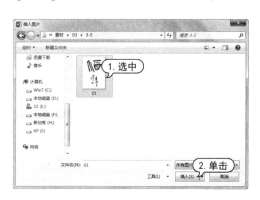

图 3-22　选中图片插入

STEP 03 选中文档中插入的图片，然后单击图片右侧显示的【布局选项】按钮，在弹出的【布局选项】窗格中选择【紧密型环绕】选项，如图 3-23 所示。

STEP 04 用鼠标左键单击图片并按住不放调整其位置，使其效果如图 3-24 所示。

图 3-23　选择【紧密型环绕】选项

图 3-24　调整图片位置

3.2.2 插入剪贴画

Word 所提供的剪贴画库内容非常丰富，设计精美、构思巧妙，能够表达不同的主题，适合

于制作各种文档。

【例 3-4】 在《酒》文档中插入剪贴画。 视频+素材

STEP 01 启动 Word 2013,打开《酒》文档,将插入点定位在文档中需要插入剪贴画的位置,如图3-25 所示。

STEP 02 打开【插入】选项卡,然后在【插图】组中单击【联机图片】按钮,如图 3-26 所示。

图 3-25　定位插入点　　　　　　　图 3-26　单击【联机图片】按钮

STEP 03 在打开的【插入图片】对话框的搜索文本框中输入"酒"后按下回车键,并在自动查找到的电脑与网络上的剪贴画文件结果中选中所需的剪贴画,然后单击【插入】按钮,如图 3-27所示。

STEP 04 此时即可将剪贴画插入 Word 文档中,如图3-28 所示。

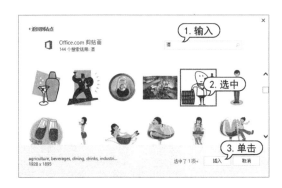

图 3-27　选择剪贴画插入　　　　　　图 3-28　插入效果

3.2.3　插入屏幕截图

如果需要在 Word 文档中使用网页中的某个图片或者图片的一部分,则可以使用 Word提供的屏幕截图功能来实现。打开【插入】选项卡,在【插图】组中单击【屏幕截图】按钮,在弹出的菜单中选择一个需要截图的窗口,即可将该窗口截取并显示在文档中,如图3-29 所示。

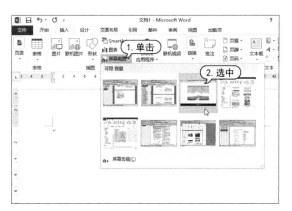
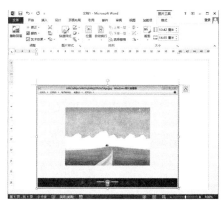

图 3-29   插入屏幕截图

3.3   插入艺术字

在流行的报纸杂志上常常会看到各种各样的艺术字,这些艺术字给文章增添了强烈的视觉冲击效果。使用 Word 2013 可以创建出各种文字艺术效果,甚至可以把文本扭曲成各种各样的形状或设置为具有三维轮廓的效果。

3.3.1   添加艺术字

插入艺术字的方法有两种:一种是先输入文本,再为输入的文本应用艺术字样式;另一种是先选择艺术字样式,再输入需要的艺术字文本。

打开【插入】选项卡,在【文本】组中单击【艺术字】按钮 ４ ,打开艺术字列表框,在其中选择艺术字的样式,在插入的艺术字插入框中输入文本即可在 Word 文档中插入艺术字。

【例 3-5】 在《元宵灯会》文档中插入艺术字。 视频+素材

STEP 01 启动 Word 2013,打开《元宵灯会》文档,将鼠标指针定位于文档中需要插入艺术字的位置,选择【插入】选项卡,在【文本】组中单击【艺术字】按钮,从弹出的列表框中选择一种艺术字样式,如图 3-30 所示。

STEP 02 此时在文本中将插入一个艺术字输入框,效果如图 3-31 所示。

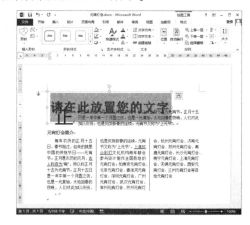

图 3-30   选择艺术字样式　　　　　　　　图 3-31   艺术字输入框

STEP 03 切换至搜狗拼音输入法,在艺术字输入框内的提示文本"请在此放置您的文字"处输入文本"元宵灯会",然后选中艺术字输入框并拖动鼠标调整艺术字的位置和大小,再在文档中任意位置单击,即可完成艺术字的插入操作,如图 3-32 所示。

图 3-32　输入艺术字

> **知识点滴**
>
> 　　艺术字是一种图形格式,并不能用设置文本的方式来设置其格式。

3.3.2　设置艺术字

　　选中艺术字,系统会自动打开【绘图工具】的【格式】选项卡。使用该选项卡内相应功能组中的工具按钮,可以设置艺术字的样式、填充效果等属性,还可以对艺术字进行大小调整、旋转或添加阴影、三维效果等操作,如图 3-33 所示。

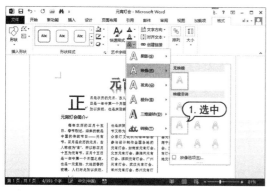

图 3-33　设置艺术字

3.4　插入 SmartArt 图形

　　Word 2013 提供了插入 SmartArt 图形的功能,用来说明各种概念性的内容,并可使文档更加形象生动。

3.4.1　添加 SmartArt 图形

　　要添加 SmartArt 图形,可打开【插入】选项卡,在【插图】组中单击【SmartArt】按钮,打开【选择SmartArt 图形】对话框,根据需要选择合适的类型即可插入 SmartArt 图形,如图 3-34 所示。

3.4.2　设置 SmartArt 图形

　　在文档中插入 SmartArt 图形后,如果对预设的效果不满意,则可以在【SmartArt 工具】的【设计】和【格式】选项卡中对其进行编辑操作,如添加和删除形状、套用形状样式等。

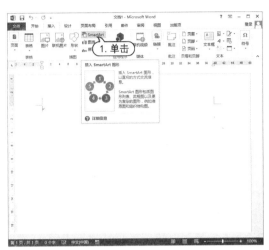

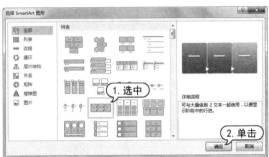

图 3-34　选择 SmartArt 图形

【例 3-6】　在《元宵灯会》文档中插入并设置 SmartArt 图形。 视频+素材

STEP 01 启动 Word 2013,打开《元宵灯会》文档,将鼠标指针定位于文档中需要插入 SmartArt 图形的位置,如图 3-35 所示。

STEP 02 打开【插入】选项卡,在【插图】组中单击【SmartArt】按钮,打开【选择 SmartArt 图形】对话框,然后在该对话框右侧选择【关系】选项卡,再选中【循环关系】选项,单击【确定】按钮,如图 3-36 所示。

图 3-35　定位插入点

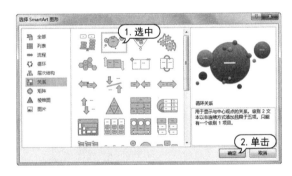

图 3-36　【选择 SmartArt 图形】对话框

STEP 03 将鼠标指针定位于 SmartArt 图形中的文本框,然后在其中输入文本并设置文本的字号,如图 3-37 所示。

STEP 04 选择【设计】选项卡,然后在【SmartArt 样式】组中单击【更改颜色】下拉按钮,在弹出的下拉菜单中选中【彩色范围－着色 4 至 5】选项,如图 3-38 所示。

图 3-37　输入文本

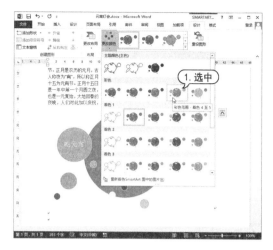

图 3-38　更改颜色

STEP 05 选择【格式】选项卡,然后在【艺术字样式】组中单击【其他】按钮,在弹出的列表框中选择 SmartArt 图形中艺术字的样式,如图 3-39 所示。

STEP 06 最后设置完毕的 SmartArt 图形的效果如图 3-40 所示。

图 3-39　选择艺术字样式

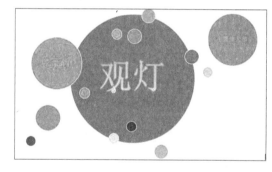

图 3-40　SmartArt 图形显示效果

3.5　插入自选图形

Word 2013 提供了一套可用的自选图形,在 Word 文档中,用户可以使用这些自选图形灵活地绘制出各种图形,并通过编辑操作使图形达到更令人满意的效果。

3.5.1　绘制自选图形

Word 2013 包含一套可以手工绘制的现成形状,例如直线、箭头、流程图、星与旗帜、标注等,这些图形称为自选图形。在文档中,用户可以使用这些图形添加一个形状,或者合并多个形状生成一个绘图或一个更为复杂的形状。

打开【插入】选项卡,在【插图】组中单击【形状】下拉按钮,在弹出的菜单中选择图形选项,如图 3-41 所示,在文档中按下鼠标左键并拖动鼠标即可绘制对应的图形,如图 3-42 所示。

图 3-41　选择图形选项

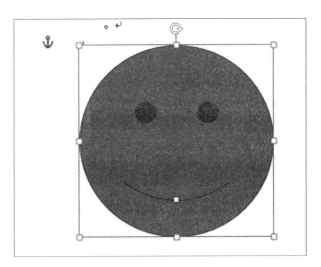

图 3-42　拖动鼠标绘制图形

3.5.2　设置自选图形

绘制完自选图形后,系统自动打开【绘图工具】的【格式】选项卡,使用该选项卡中相应的命令按钮可以设置自选图形的格式。例如,设置自选图形的大小、形状样式和位置等。

【例 3-7】　在《元宵灯会》文档中绘制自选图形并设置其格式。 ◎视频＋素材

STEP 01 启动 Word 2013,打开《元宵灯会》文档,将鼠标指针定位于文档中需要绘制自选图形的位置,然后打开【插入】选项卡,在【插图】组中单击【形状】下拉按钮,在弹出菜单中的【基本形状】区域中选择【折角形】选项,如图 3-43 所示。

STEP 02 将鼠标指针移至文档中,按住左键并拖动鼠标绘制自选图形,如图 3-44 所示。

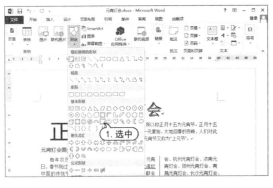

图 3-43　选择【折角形】选项

图 3-44　绘制自选图形

STEP 03 选中绘制的自选图形,右击鼠标,在弹出的快捷菜单中选择【添加文字】命令,此时即可在自选图形中输入文字,如图 3-45 所示。

STEP 04 按下鼠标左键选中自选图形边框的控制点并拖动鼠标以调整自选图形的大小,如图 3-46 所示。

STEP 05 右击自选图形,在弹出的快捷菜单中选择【其他布局选项】命令,打开【布局】对话框,选择【文字环绕】选项卡,选中【四周型】选项后单击【确定】按钮,如图 3-47 所示。

STEP 06 按下鼠标左键选中自选图形并拖动鼠标以更改其在文档中的位置,如图 3-48 所示。

图 3-45　选择【添加文字】命令　　　　　　图 3-46　调整自选图形的大小

图 3-47　选择文字环绕方式

图 3-48　更改自选图形的位置

STEP 07 选中【格式】选项卡,然后在【形状样式】组中单击【其他】按钮,如图 3-49 所示。

STEP 08 在弹出的列表框中选择一种样式,修改自选图形的样式,如图 3-50 所示。

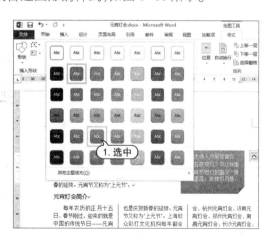

图 3-49　单击【其他】按钮　　　　　　图 3-50　选择自选图形的样式

3.6 使用文本框

文本框是一种图形对象，它作为存放文本或图形的容器，可置于文档中的任何位置，并可随意地调整其大小。

3.6.1 插入文本框

Word 2013 提供了 44 种内置文本框，例如简单文本框、边线型提要栏和大括号型引述等。通过插入这些内置文本框，可快速制作出优秀的文档。

【例 3-8】 在《元宵灯会》文档中插入文本框。视频+素材

STEP 01 启动 Word 2013，打开《元宵灯会》文档，将鼠标指针定位于文档中需要插入文本框的位置，然后打开【插入】选项卡，在【文本】组中单击【文本框】下拉按钮，在弹出的下拉列表里选中【边线型提要栏】选项，如图 3-51 所示。

STEP 02 此时，将在文档中插入文本框，将鼠标指针置于文本框中，即可在其中输入文本内容，如图 3-52 所示。

图 3-51 选中【边线型提要栏】选项

图 3-52 输入文本

3.6.2 绘制文本框

除插入文本框外，还可以根据需要手动绘制横排或竖排文本框，该文本框主要用于插入图片和文本等。

【例 3-9】 在《元宵灯会》文档中绘制文本框。视频+素材

STEP 01 启动 Word 2013，打开《元宵灯会》文档，选择【插入】选项卡，在【文本】组中单击【文本框】下拉按钮，在弹出的下拉菜单中选择【绘制文本框】命令，如图 3-53 所示。

STEP 02 将鼠标指针移动到合适的位置，此时鼠标指针变成十字形，拖动鼠标指针绘制横排文本框，如图 3-54 所示。

STEP 03 释放鼠标指针，完成绘制操作，此时在文本框中将出现闪烁的插入点，如图 3-55 所示。

STEP 04 切换输入法,在文本框的插入点处输入文本,如图 3-56 所示。

图 3-53　选择【绘制文本框】命令

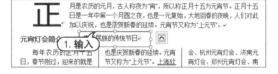

图 3-54　绘制文本框

图 3-55　出现插入点

图 3-56　输入文本

3.7　案例演练

本章的案例演练通过制作公司简介文档这个实例操作,使用户通过练习可以巩固本章所学知识。

【例 3-10】 新建《公司简介》文档并在其中添加多种修饰对象。（视频+素材）

STEP 01 启动 Word 2013,新建一个名为"公司简介"的文档,并将鼠标指针定位于文档中,在文档中输入文本,如图 3-57 所示。

STEP 02 选择【插入】选项卡,在【文本】组中单击【艺术字】按钮,然后在弹出的列表框中选中一种艺术字样式,接着在插入文档中的艺术字输入框中输入文本"公司简介",如图 3-58 所示。

STEP 03 选中第 1 段文本,然后在【文本】组中单击【首字下沉】按钮,在弹出的菜单中选中【下沉】选项,为文档第 1 段文本添加首字下沉效果,如图 3-59 所示。

STEP 04 将鼠标指针定位于第 1 段文本末尾,然后按下回车键另起一行,如图 3-60 所示。

STEP 05 在【插入】选项卡的【插图】组中单击【SmartArt】按钮,打开【选择 SmartArt 图形】对话框,选中【流程】选项卡,然后在右侧的列表框中选择一种图形样式并单击【确定】按钮,如图 3-61 所示。

图 3-57　输入文本　　　　　　　　　　图 3-58　输入艺术字

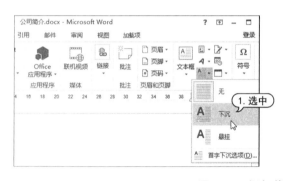

图 3-59　添加首字下沉效果

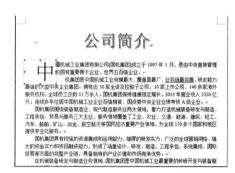

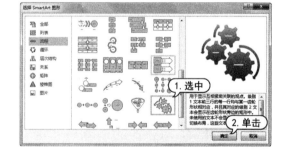

图 3-60　另起一行　　　　　　　　　图 3-61　【选择 SmartArt 图形】对话框

STEP 06 此时在文档中插入了 SmartArt 图形,然后将鼠标指针置于图形中的文本框中并输入文本,如图 3-62 所示。

STEP 07 按下鼠标左键选中 SmartArt 图形四周的控制点并拖动鼠标以调整图形的大小,然后单击图形右侧的【布局选项】按钮,并在弹出的菜单中选中【四周型环绕】选项,如图 3-63 所示。

STEP 08 选中文档中的 SmartArt 图形,打开【设计】选项卡,然后在【SmartArt 样式】组中单击【更改颜色】下拉按钮,并在弹出的列表中选中一种颜色样式,如图 3-64 所示。

STEP 09 选择【格式】选项卡,在【形状样式】组中单击【形状效果】下拉按钮,在弹出的列表中选中【棱台】|【硬边缘】选项,如图 3-65 所示。

图 3-62　输入 SmartArt 图形的文本

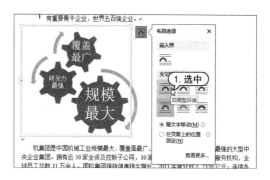

图 3-63　选中【四周型环绕】选项

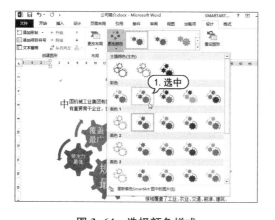

图 3-64　选择颜色样式

图 3-65　选择形状效果

STEP 10 将鼠标指针置于文档第 3 段末尾，然后按下 Enter 键另起一行，选择【插入】选项卡，在【插图】组中单击【图片】按钮，如图 3-66 所示。

STEP 11 在打开的【插入图片】对话框中选中一个图片文件，然后单击【插入】按钮，在文档中插入图片，如图 3-67 所示。

图 3-66　单击【图片】按钮

图 3-67　【插入图片】对话框

STEP 12 选中文档中插入的图片，然后用鼠标拖动图片四周的控制栏以调整图片大小，如图 3-68 所示。

65

STEP 13 使用同样的方法在文档中再插入一张图片并设置图片的大小和位置,如图 3-69 所示。

图 3-68　调整图片大小　　　　　　　图 3-69　添加图片

STEP 14 选中第 4~6 段文本,然后选择【页面布局】选项卡,在【页面设置】组中单击【分栏】下拉按钮,并在弹出的菜单中选中【更多分栏】命令,如图 3-70 所示。

STEP 15 在打开的【分栏】对话框中选中【两栏】选项和【分隔线】复选框,然后单击【确定】按钮,如图 3-71 所示。

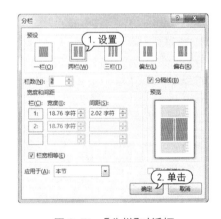

图 3-70　选中【更多分栏】选项　　　　图 3-71　【分栏】对话框

STEP 16 此时,第 4~6 段文本将被自动分栏排版,效果如图 3-72 所示。

STEP 17 将鼠标指针置于第 7 行结尾处,然后按下 Enter 键另起一行,选择【插入】选项卡,在【表格】组中单击【表格】下拉按钮,在弹出的菜单中选中【插入表格】命令,如图 3-73 所示。

STEP 18 打开【插入表格】对话框,在【列数】文本框中输入参数"2",在【行数】文本框中输入参数"6",然后单击【确定】按钮,如图 3-74 所示。

STEP 19 在文档中插入表格后,将鼠标指针置于表格中,输入文本,如图 3-75 所示。

图 3-72　分栏显示效果

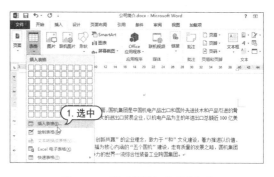

图 3-73　选中【插入表格】命令

图 3-74　【插入表格】对话框

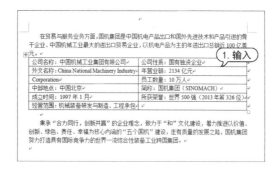

图 3-75　输入表格文本

STEP 20 选中文档中的表格,在【开始】选项卡的【段落】组中单击【边框】下拉按钮,在弹出的下拉菜单中选中【边框和底纹】命令,在打开的【边框和底纹】对话框中选中【边框】选项卡,然后取消对话框右侧的█按钮和█按钮的选中状态,如图 3-76 所示。

STEP 21 选中【底纹】选项卡,然后单击【填充】下拉按钮,在弹出的列表框中选中一种颜色作为表格的底纹色,如图 3-77 所示。

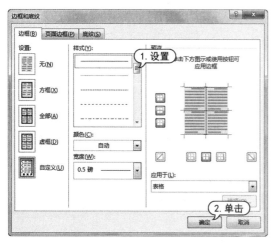

图 3-76　【边框】选项卡

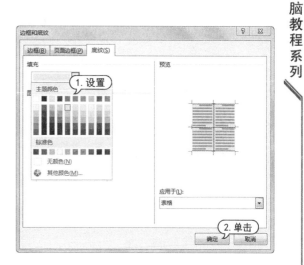

图 3-77　【底纹】选项卡

STEP 22 在【边框和底纹】对话框中单击【确定】按钮后,文档中表格的效果如图 3-78 所示。

STEP 23 选择【插入】选项卡,在【文本】组中单击【文本框】下拉按钮,在弹出的下拉列表中选中【花丝提要栏】选项,在文档页面底部插入一个文本框,在其中输入相应的文本并设置其格式,如图 3-79 所示。

图 3-78　表格显示效果

图 3-79　插入文本框

第 4 章

页面设置和版式设计

为了提高文档的编辑效率,创建具有特殊版式的文档,Word 2013 提供了许多便捷的操作方式来优化文档的格式编排,比如设置文档页面,插入页眉和页脚,采用特殊格式排版等。此外,对于书籍等长文档,使用各种管理工具可以查看和组织文档,帮助用户理清文档思路。

对应的光盘视频

4.1 设置页面格式

在处理文档的过程中,为了使文档页面更加美观,用户可以根据需求规范文档的页面,如设置页边距、纸张大小、文档网格等。

4.1.1 设置纸张大小

在 Word 2013 中,默认的页面方向为纵向,其大小为 A4。在制作某些特殊文档(如名片、贺卡)时,为了满足文档的需要可对其页面大小和方向进行更改。

【例 4-1】 设置《酒》文档的纸张大小。 视频+素材

STEP 01 启动 Word 2013,打开《酒》文档,打开【页面布局】选项卡,在【页面设置】组中单击【纸张大小】下拉按钮,从弹出的下拉菜单中选择【其他页面大小】命令,如图 4-1 所示。

STEP 02 在打开的【页面设置】对话框中选择【纸张】选项卡,在【纸张大小】下拉列表中选择【自定义大小】选项,在【宽度】和【高度】微调框中分别输入"20 厘米"和"15 厘米",单击【确定】按钮完成设置,如图 4-8 所示。

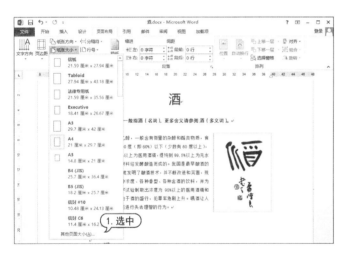

图 4-1 选择【其他页面大小】命令　　　　图 4-2 【纸张】选项卡

4.1.2 设置页边距

页边距是指文本与页面边缘的距离。为了使页面更为美观,可以根据需求对页边距进行设置。此外 Word 2013 还提供了添加装订线功能,使用该功能可以为页面设置装订线,以便日后装订长文档。

【例 4-2】 设置《酒》文档的页边距和装订线。 视频+素材

STEP 01 启动 Word 2013,打开《酒》文档,打开【页面布局】选项卡,单击【页面设置】组中的对话框启动器按钮 。

STEP 02 打开【页面设置】对话框,打开【页边距】选项卡,在【页边距】选项区域中的【上】、【下】、【左】、【右】微调框中依次输入"3 厘米"、"3 厘米"、"2 厘米"和"2 厘米",如图 4-3 所示。

STEP 03 在【页边距】选项卡的【页边距】选项区域中的【装订线】微调框中输入"1.5 厘米",在

【装订线位置】下列列表中选择【上】选项,然后单击【确定】按钮完成设置,如图 4-4 所示。

STEP 04 选择【文件】|【保存】命令,将文档加以保存。

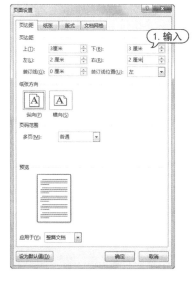

图 4-3 设置页边距

图 4-4 设置装订线

4.1.3 插入封面

通常情况下,在文档的首页可以插入封面,用于说明文档的主要内容和特点。封面是文档给人的第一印象,因此必须做得美观。封面主要包括标题、副标题、编写时间、编著及公司名称等信息。

【例 4-3】 新建一个文档并插入封面。 视频+素材

STEP 01 启动 Word 2013,新建一个空白文档,并将其命名为"封面"。打开【插入】选项卡,在【页面】组中单击【封面】按钮,弹出的【内置】列表框中选择【奥斯汀】选项即可快速插入封面,如图 4-5 所示。

STEP 02 根据提示内容,在封面中输入相关的信息,如图 4-6 所示。

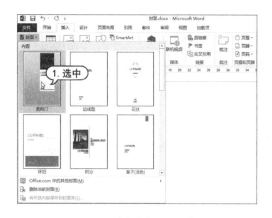

图 4-5 选择【奥斯汀】选项

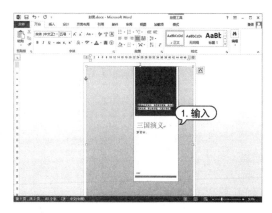

图 4-6 输入文本

4.2 设置特殊版式

一般报纸杂志都需要带有特殊效果的文档,这就需要使用一些特殊的版式。Word 2013提供了多种特殊版式,常用的为竖排文本、首字下沉和分栏排版。

4.2.1 竖排文本

古人都是以从右至左、从上至下的方式进行竖排书写,但现代人都是以从左至右的方式书写文字。使用 Word 2013 的文字竖排功能,可以轻松进行古代诗词的输入(即竖排文档),从而还原古书的效果。

【例 4-4】 新建《古代诗词》文档,对其中的文字进行垂直排列。 视频＋素材

STEP 01 在 Word 2013 中新建一个空白文档并在其中输入文本内容,然后按 Ctrl＋A 组合键选中所有文本,设置文本的字体为【华文隶书】,字号为【小三】,如图 4-7 所示。

STEP 02 选中所有文本,然后选择【页面布局】选项卡,在【页面设置】组中单击【文字方向】按钮,在弹出的菜单中选择【垂直】命令,如图 4-8 所示。

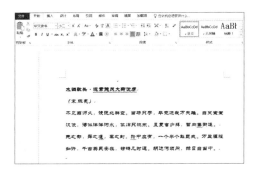

图 4-7 设置文本字体与字号

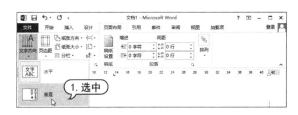

图 4-8 选择【垂直】命令

STEP 03 此时,将以从上到下、从右到左的方式排列诗词内容,如图 4-9 所示。

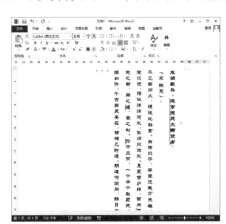

图 4-9 显示竖排文本

实用技巧

用户还可以选择【文字方向选项】命令,打开【文字方向】对话框,设置不同类型的竖排文字选项。

轻松学 电脑教程系列

4.2.2　首字下沉

　　首字下沉是报纸杂志中较为常用的一种文本修饰方式,使用该方式可以很好地改善文档的外观,使文档更引人注目。

【例 4-5】 将《元宵灯会》文档正文第 1 段中的首字设置为首字下沉 3 行,距正文 0.5 厘米。 🎬视频+素材

STEP 01 启动 Word 2013,打开《元宵灯会》文档,为文本和段落设置格式,并将鼠标指针置于正文第 1 段前,如图 4-10 所示。

STEP 02 选择【插入】选项卡,将在【文本】组中单击【首字下沉】按钮,在弹出的菜单中选择【首字下沉选项】命令,如图 4-11 所示。

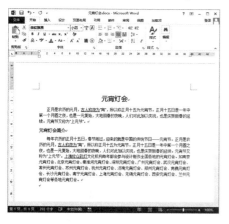

图 4-10　设置插入点

图 4-11　选择【首字下沉选项】命令

STEP 03 在打开的【首字下沉】对话框的【位置】选项区域中选择【下沉】选项,在【字体】下拉列表中选择【微软雅黑】选项,在【下沉行数】微调框中输入"3",在【距正文】微调框中输入"0.5 厘米",然后单击【确定】按钮,如图 4-12 所示。

STEP 04 此时,正文第 1 段中的首字将以微软雅黑字体下沉 3 行的形式显示在文档中,如图 4-13 所示。

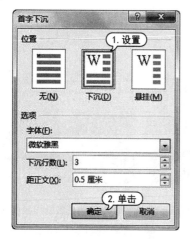

图 4-12　【首字下沉】对话框

图 4-13　首字下沉显示效果

轻松学 电脑教程系列

4.2.3　分栏排版

分栏是指按实际排版需求将文本分成若干个条块,使版面更为美观。在阅读报纸杂志时,常常会发现许多页面被分成多个栏目。这些栏目有的是等宽的,有的是不等宽的,从而使得整个页面布局显得错落有致,易于用户阅读。

【例 4-6】　在《元宵灯会》文档中,设置分两栏显示文本。🎬视频＋素材

STEP 01　启动 Word 2013,打开《元宵灯会》文档,选中文档中的第 2 段文本,如图 4-14 所示。

STEP 02　选择【页面布局】选项卡,在【页面设置】组中单击【分栏】按钮,在弹出的菜单中选择【更多分栏】命令,如图 4-15 所示。

STEP 03　在打开的【分栏】对话框中选择【三栏】选项,选中【栏宽相等】复选框和【分隔线】复选框,然后单击【确定】按钮,如图 4-16 所示。

STEP 04　此时选中的文本段落将以三栏的形式显示,如图 4-17 所示。

图 4-14　选中文本

图 4-15　选择【更多分栏】命令

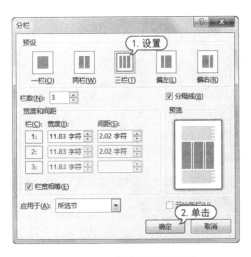

图 4-16　【分栏】对话框

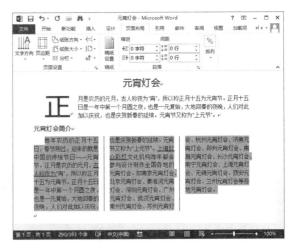

图 4-17　分栏显示效果

4.3　编辑长文档

Word 2013 本身提供一些处理长文档的编辑工具，例如，使用大纲视图方式查看和组织文档，使用书签定位文档，使用目录提示长文档的纲要等。

4.3.1　使用大纲视图

Word 2013 中的大纲视图就是专门用于制作提纲的，它以缩进文档标题的形式代表在文档结构中的级别。

打开【视图】选项卡，在【文档视图】组中单击【大纲视图】按钮，就可以切换到大纲视图模式。此时，【大纲】选项卡随即出现在窗口中，在【大纲工具】组的【显示级别】下拉列表中可以选择显示级别；将鼠标指针定位在要展开或折叠的标题上，单击【展开】按钮 ✚ 或【折叠】按钮 ━，可以扩展或折叠大纲标题，如图 4-18 所示。

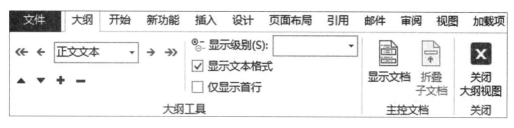

图 4-18　【大纲】选项卡

【例 4-7】 将《公司管理制度》文档切换到大纲视图查看文档结构和内容。 🎬视频+素材

STEP 01 启动 Word 2013，打开《公司管理制度》文档，打开【视图】选项卡，在【文档视图】组中单击【大纲视图】按钮，如图 4-19 所示。

STEP 02 在【大纲】选项卡的【大纲工具】组的【显示级别】下拉列表中选择【2 级】选项，此时标题 2 级别以下级别的标题或正文文本都将被折叠，如图 4-20 所示。

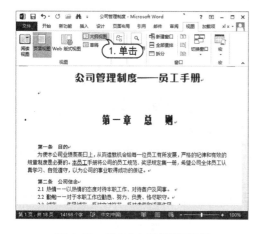

图 4-19　单击【大纲视图】按钮

图 4-20　选择【2 级】选项

STEP 03 将鼠标指针移至标题 2 级别的标题前的符号 ⊕ 处双击，即可展开其下属文本的内容，如图 4-21 所示。

STEP 04 在【大纲工具】组的【显示级别】下拉列表中选择【所有级别】选项，此时将显示所有的文档内容，如图 4-22 所示。

图 4-21　双击符号

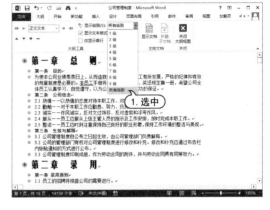

图 4-22　选择【所有级别】选项

STEP 05 将鼠标指针移动到文本"第一章　总则"前的符号 ⊕ 处，双击鼠标，该标题下的文本被折叠，如图 4-23 所示。

STEP 06 使用同样的方法折叠其他段文本，如图 4-24 所示。

STEP 07 在【大纲】选项卡的【关闭】组中单击【关闭大纲视图】按钮，即可退出大纲视图。

图 4-23　双击符号

图 4-24　折叠文本

4.3.2　添加书签

书签是对文本加以标识和命名，用于帮助用户记录位置，从而使用户能快速地找到目标位置。在 Word 2013 中，可以使用书签命名文档中指定的点或区域，以识别章、表格的开始处，或者定位需要工作的位置、离开的位置等。

【例 4-8】　在《公司管理制度》文档中添加书签，然后使用【定位】对话框来定位书签。🎬视频+素材

STEP 01 启动 Word 2013，打开《公司管理制度》文档，将插入点定位到标题"第一章　总则"之

前,打开【插入】选项卡,在【链接】组中单击【书签】按钮,如图 4-25 所示。

STEP 02 打开【书签】对话框,在【书签名】文本框中输入书签的名称"总则",单击【添加】按钮,将该书签添加到书签列表框中,如图 4-26 所示。

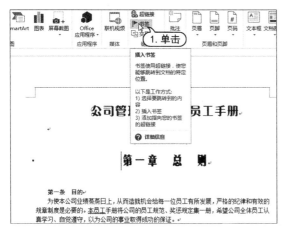

图 4-25　单击【书签】按钮

图 4-26　【书签】对话框

STEP 03 单击【文件】按钮,在弹出的菜单中选择【选项】命令,打开【Word 选项】对话框,选择【高级】选项卡,在对话框右侧的【显示文档内容】选项区域中选中【显示书签】复选框,然后单击【确定】按钮,如图 4-27 所示。

STEP 04 此时书签标记 I 将显示在标题"第一章　总则"之前,如图 4-28 所示。

图 4-27　选中【显示书签】复选框

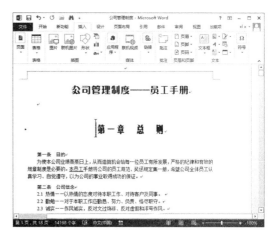

图 4-28　显示书签

STEP 05 打开【开始】选项卡,在【编辑】组中单击【查找】下拉按钮,在弹出的菜单中选择【转到】命令,如图 4-29 所示。

STEP 06 打开【查找与替换】对话框,打开【定位】选项卡,在【定位目标】列表框中选择【书签】选项,在【请输入书签名称】下拉列表中选择书签【总则】,单击【定位】按钮,此时自动定位到书签位置,如图 4-30 所示。

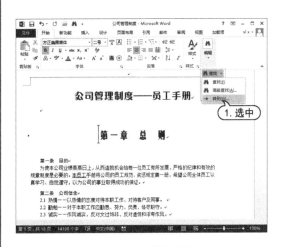

图 4-29　选择【转到】命令

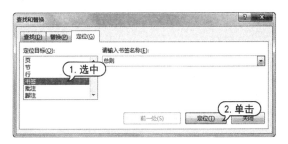

图 4-30　【定位】选项卡

4.3.3　添加目录

目录与一篇文章的纲要类似，通过它可以了解全文的结构和整个文档所要讨论的内容。在 Word 2013 中可以为一个编辑和排版完成的长文档制作出美观的目录。

1. 插入目录

Word 2013 有自动提取目录的功能，用户可以很方便地为文档创建目录。

【例 4-9】　在《公司管理制度》文档中插入目录。（视频＋素材）

STEP 01 启动 Word 2013，打开《公司管理制度》文档，将插入点定位在文档的开始处，按 Enter 键换行，在其中输入文本"目录"，如图 4-31 所示。

STEP 02 按 Enter 键换行，打开【引用】选项卡，在【目录】组中单击【目录】按钮，在弹出的菜单中选择【自定义目录】命令，如图 4-32 所示。

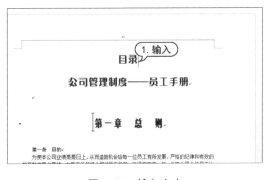

图 4-31　输入文本

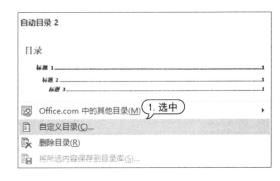

图 4-32　选择【自定义目录】命令

STEP 03 打开【目录】对话框的【目录】选项卡，在【显示级别】微调框中输入"2"，单击【确定】按钮，如图 4-33 所示。

STEP 04 此时即可在文档中插入二级标题的目录，如图 4-34 所示。

2. 设置目录

创建完目录后，用户还可像编辑普通文本一样对其进行样式的设置，如更改目录字体、字号和对齐方式等,让目录更为美观。

图 4-33 【目录】选项卡

图 4-34 插入目录

【例 4-10】 在《公司管理制度》文档中设置目录格式。 视频+素材

STEP 01 启动 Word 2013,打开《公司管理制度》文档,选取整个目录,打开【开始】选项卡,在【字体】组中的【字体】下拉列表中选择【黑体】选项,在【字号】下拉列表中选择【四号】选项;在【段落】组中单击【居中】按钮,设置文本居中显示,如图 4-35 所示。

STEP 02 单击【段落】对话框启动器按钮,打开【段落】对话框的【缩进和间距】选项卡,在【间距】选项区域的【行距】下拉列表中选择【1.5 倍行距】选项,单击【确定】按钮,如图 4-36所示。

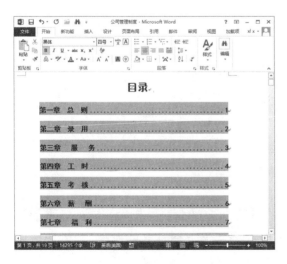

图 4-35 设置目录文本

图 4-36 设置行距

STEP 03 此时目录将以 1.5 倍的行距显示,效果如图 4-37 所示。

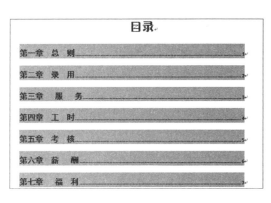

图 4-37　目录显示效果

3．更新目录

当创建了一个目录后，如果对文档正文中的内容进行编辑修改了，那么标题和页码都有可能发生变化，与原始目录中的页码不一致，此时就需要更新目录，以保证目录中页码的正确性。

要更新目录，可以先选择整个目录，然后在目录任意处右击，在弹出的快捷菜单中选择【更新域】命令，打开【更新目录】对话框，在其中进行设置，如图 4-38 所示。

如果只更新页码，而不想更新已直接应用于目录的格式，可以选中【只更新页码】单选按钮；如果在创建目录以后对文档作了具体修改，可以选中【更新整个目录】单选按钮，将更新整个目录。

图 4-38　打开【更新目录】对话框

4.3.4　添加批注

批注是指审阅者给文档内容加上的注解或说明，或者是阐述批注者的观点。这在上级审批文件、老师批改作业时非常有用。

将插入点定位在文档中要添加批注的位置或选中要添加批注的文本，打开【审阅】选项卡，在【批注】组中单击【新建批注】按钮，此时 Word 2013 会自动显示一个红色的批注框，用户在其中输入内容即可。

【例 4-11】 在《公司管理制度》文档中添加批注。 视频+素材

STEP 01 启动 Word 2013,打开《公司管理制度》文档,选中开头处的文本"公司管理制度——员工手册",打开【审阅】选项卡,在【批注】组中单击【新建批注】按钮,如图 4-39 所示。

STEP 02 此时将在右边自动添加一个红色的批注框,如图 4-40 所示。

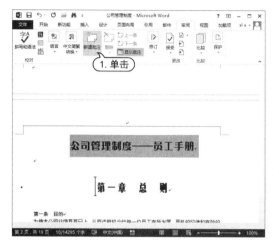

图 4-39　单击【新建批注】按钮

图 4-40　添加批注框

STEP 03 在该批注框中输入批注文本,如图 4-41 所示。

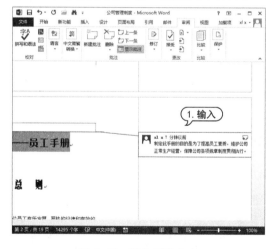

图 4-41　输入批注文本

实用技巧

　　要查看文档中的批注,只需在【审阅】选项卡的【批注】组中单击【下一条】按钮和【上一条】按钮即可;要删除批注,在【批注】组中单击【删除】按钮,在弹出的菜单中选择【删除】命令或者选择【删除文档中的所有批注】命令即可。

4.3.5　添加修订

　　在审阅文档中发现某些多余或遗漏的内容时,如果直接在文档中删除或修改,将不能看到原文档和修改后文档的对比情况。使用 Word 2013 的修订功能,可以将用户所作的每项修改以不同的颜色标识出来,方便作者进行对比和查看。

【4-12】 在《公司管理制度》文档中添加修订。 视频+素材

STEP 01 启动 Word 2013,打开《公司管理制度》文档,打开【审阅】选项卡,在【修订】组中单击【修订】按钮,进入修订状态,如图 4-42 所示。

STEP 02 定位到文档中第一处需要修改的位置,输入所需的字符,添加的文本下方将显示红色下划线,此时添加的文本也以红色显示,如图 4-43 所示。

图 4-42　单击【修订】按钮　　　　　　　　图 4-43　输入修改文本

STEP 03 选中文本"有所发展",按 Delete 键将其删除,此时被删除的文本将以红色显示,并在文本中添加红色删除线,如图 4-44 所示。

STEP 04 当修订工作完成后,再次单击【修订】组中的【修订】按钮,即可退出修订状态。

公司管理制度——员工手册

第一章　总　则

第一条　目的
为使本公司业绩蒸蒸日上,从而造就机会给每一位员工有所发展,修订严格的纪律和有效的规章制度是必要的。本员工手册将公司的员工规范、奖惩规定集一册,希望公司全体员工认真学习、自觉遵守,以为公司的事业取得成功的保证。

第二条　公司信念:
2.1 热情——以热情的态度对待本职工作、对待客户与同事。
2.2 勤勉——对于本职工作应勤恳、努力、负责、恪尽职守。
2.3 诚实——作风诚实,反对过饰非、反对虚假和弄有作风。
2.4 服从——员工应服从上级主管人员的指示及工作安排,按时完成本职工作。

图 4-44　删除文本

> **实用技巧**
>
> 同一个文档可以由多人修订,Word 会以不同颜色及用户名显示是谁作了修订。当插入点定位在修订文本中,在【审阅】选项卡的【更改】组中单击【接受】按钮,接受修订;单击【拒绝】按钮,拒绝修订。

4.4　添加页眉、页脚和页码

页眉是版心上边缘和纸张边缘之间的图形或文字,页脚则是版心下边缘与纸张边缘之间的图形或文字。页码是一种内容最简单但使用最多的页眉和页脚,页码一般添加加在页眉或页脚中,也可以添加在其他地方。

4.4.1　插入页眉和页脚

书籍中奇、偶数页的页眉和页脚通常是不同的。在 Word 2013 中,可以为文档中的奇、偶数页设计不同的页眉和页脚。

【例 4-13】 在《公司管理制度》文档中为奇、偶数页创建不同的页眉。 视频+素材

STEP 01 启动 Word 2013,打开《公司管理制度》文档,打开【插入】选项卡,在【页眉和页脚】组中单击【页眉】下拉按钮,在弹出的菜单中选择【编辑页眉】命令,进入页眉和页脚编辑状态,如图 4-45 所示。

STEP 02 打开【页眉和页脚工具】的【设计】选项卡,在【选项】组中选中【首页不同】和【奇偶页不同】复选框,如图 4-46 所示。

图 4-45　选择【编辑页眉】命令

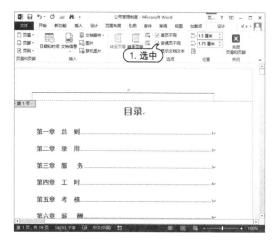

图 4-46　设置【设计】选项卡

STEP 03 在奇数页页眉区域中选中段落标记符,打开【开始】选项卡,在【段落】组中单击【边框】按钮,在弹出的菜单中选择【无框线】命令,隐藏奇数页页眉的边框线,如图 4-47 所示。

STEP 04 将光标定位在段落标记符上,输入文本"公司管理制度——员工手册",设置文本字体为【华文行楷】,字号为【小三】,字体颜色为【橙色,着色 6,深色 25%】,文本右对齐显示,如图 4-48 所示。

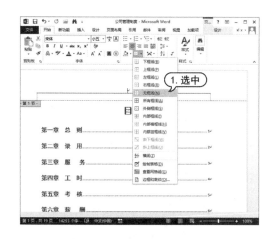

图 4-47　选择【无框线】命令

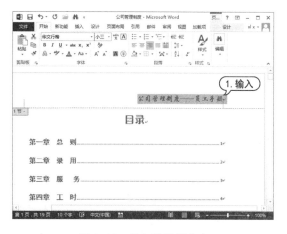

图 4-48　输入并设置文本

STEP 05 将插入点定位在页眉文本右侧,打开【插入】选项卡,在【插图】组中单击【图片】按钮,打开【插入图片】对话框,选择一个图片文件后单击【插入】按钮,如图 4-49 所示。

STEP 06 将该图片插入到奇数页的页眉处,打开【图片工具】的【格式】选项卡,在【排列】组中单击【自动换行】按钮,在弹出的菜单中选择【浮于文字上方】命令,为页眉图片设置环绕方式,按下鼠标左键选中图片并拖动鼠标调节图片大小和位置,如图 4-50 所示。

STEP 07 使用同样的方法设置偶数页的页眉文字和图片,如图 4-51 所示。

STEP 08 打开【页眉和页脚】工具的【设计】选项卡,在【关闭】组中单击【关闭页眉和页脚】按钮,完成奇、偶数页页眉的设置,如图 4-52 所示。

轻松学电脑教程系列

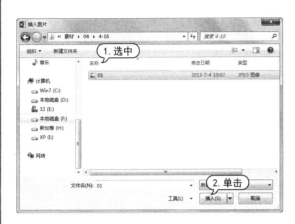

图 4-49 【插入图片】对话框

图 4-50 设置奇数页的页眉文字和图片

图 4-51 设置偶数页的页眉文字和图片

图 4-52 单击【关闭页眉和页脚】按钮

> **知识点滴**
>
> 添加页脚的方法和添加页眉的方法一致,在【插入】选项卡的【页眉和页脚】组中单击【页脚】下拉按钮,在弹出的菜单中选择【编辑页脚】命令,进入页脚编辑状态即可进行添加和修改。

4.4.2 插入页码

页码就是给文档每页所编的号码,以便于读者阅读和查找。页码一般添加在页眉或页脚中,也可以添加在其他地方。

【例 4-14】 在《公司管理制度》文档中添加页码。视频+素材

STEP 01 启动 Word 2013,打开《公司管理制度》文档,将插入点定位在奇数页中,打开【插入】选项卡,在【页眉和页脚】组中单击【页码】按钮,在弹出的菜单中选择【页面底端】命令,在打开的【带有多种形状】类别框中选择【圆角矩形 3】选项,如图 4-53 所示。

STEP 02 此时在奇数页插入圆角矩形 3 样式的页码,如图 4-54 所示。

图 4-53　选择奇数页页码样式

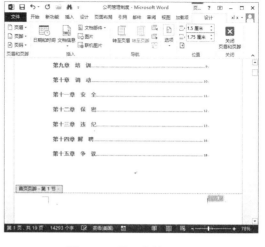

图 4-54　显示奇数页页码

STEP 03 将插入点定位在偶数页,使用同样的方法在页面底端中插入圆角矩形 1 样式的页码,如图 4-55 所示。

STEP 04 打开【页眉和页脚工具】的【设计】选项卡,在【页眉和页脚】组中单击【页码】按钮,在弹出的菜单中选择【设置页码格式】命令,打开【页码格式】对话框,在【编号格式】下拉列表中选择【－1－,－2－,－3－,...】选项,单击【确定】按钮,如图 4-56 所示。

图 4-55　显示偶数页页码

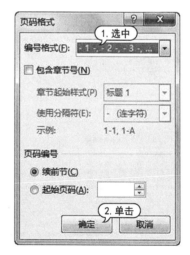

图 4-56　【页码格式】对话框

STEP 05 依次选中奇、偶数页页码的数字,设置其字体颜色为【白色】且居中对齐,如图 4-57 所示。

STEP 06 打开【页眉和页脚工具】的【设计】选项卡,在【关闭】组中单击【关闭页眉和页脚】按钮,退出页码编辑状态,如图 4-58 所示。

轻松学电脑教程系列

图 4-57　设置页码文字

图 4-58　单击【关闭页眉和页脚】按钮

4.5　案例演练

本章的案例演练通过编排《公司规章制度》长文档这个实例操作，使用户通过练习可以巩固本章所学知识。

【例 4-15】　在《公司规章制度》文档中使用大纲，执行插入目录和脚注等编排操作。 视频+素材

STEP 01　启动 Word 2013，打开《公司规章制度》文档，如图 4-59 所示。

STEP 02　打开【视图】选项卡，在【文档视图】组中单击【大纲视图】按钮，切换至大纲视图查看文档结构，如图 4-60 所示。

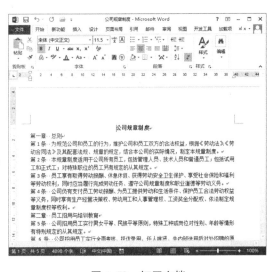

图 4-59　打开文档

图 4-60　切换至大纲视图

STEP 03　将插入点定位到文本"公司规章制度"开始处，在【大纲】选项卡的【大纲工具】组中单击【提升至标题 1】按钮，将该正文文本级别设置为标题 1，如图 4-61 所示。

STEP 04　将插入点定位到文本"第一章　总则"开始处，在【大纲工具】组的【大纲级别】下拉列表中选择【2 级】选项，将文本设置为 2 级标题，如图 4-62 所示。

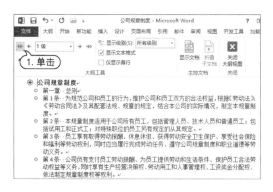

图 4-61　单击【提升至标题 1】按钮

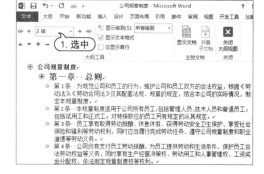

图 4-62　选择【2 级】选项

STEP 05 使用同样的方法设置其他正文章节标题为 2 级标题，如图 4-63 所示。

STEP 06 设置级别完毕后，在【大纲】选项卡的【大纲工具】组的【显示级别】下拉列表中选择【2级】选项，如图 4-64 所示。

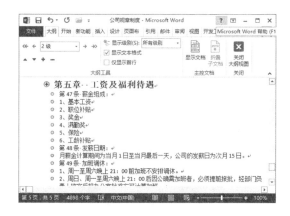

图 4-63　设置 2 级标题

图 4-64　设置显示级别

STEP 07 此时，即可将文档的 2 级标题全部显示出来，如图 4-65 所示。

STEP 08 在【大纲】选项卡的【关闭】组中单击【关闭大纲视图】按钮，返回至页面视图，如图 4-66 所示。

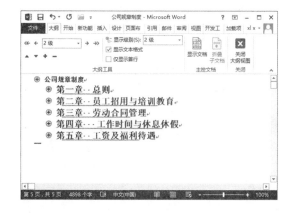

图 4-65　显示 2 级标题

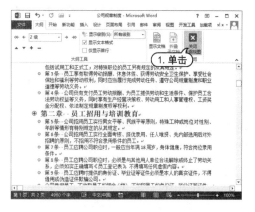

图 4-66　单击【关闭大纲视图】按钮

STEP 09 打开【视图】选项卡，在【显示】组中选中【导航窗格】复选框，打开【导航】任务窗格，选择相应的章节标题，即可快速切换至该章节标题查看章节内容，如图 4-67 所示。

STEP 10 关闭【导航】任务窗格，将插入点定位到文档开始位置，打开【引用】选项卡，在【目录】组中单击【目录】按钮，在弹出的菜单中选择【自动目录 2】样式，如图 4-68 所示。

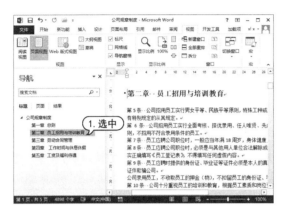

图 4-67　选择章节标题

图 4-68　选择【自动目录 2】样式

STEP 11 此时在文档开始处自动插入该样式的目录，如图 4-69 所示。

STEP 12 选取文本"目录"，设置其字体为【隶书】，字号为【二号】，居中对齐，如图 4-70 所示。

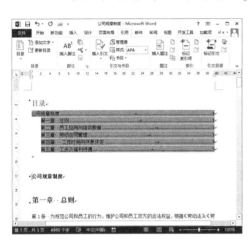

图 4-69　添加目录

图 4-70　设置目录字体

STEP 13 选取整个目录，在【开始】选项卡中单击【段落】对话框启动器按钮 ，打开【段落】对话框，打开【缩进和间距】选项卡，在【行距】下拉列表中选择【2 倍行距】选项，单击【确定】按钮，如图 4-71 所示。

STEP 14 此时显示改变的目录格式，如图 4-72 所示。

STEP 15 选取第一章中的文本"《劳动法》、《劳动合同法》"，打开【审阅】选项卡，在【批注】组中单击【新建批注】按钮，如图 4-73 所示。

STEP 16 Word 会自动添加批注框，在其中输入批注文本，如图 4-74 所示。

图 4-71　设置行距

图 4-72　显示目录格式

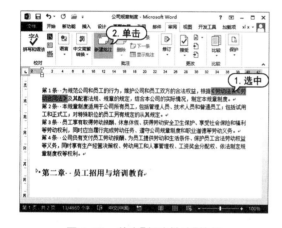

图 4-73　单击【新建批注】按钮

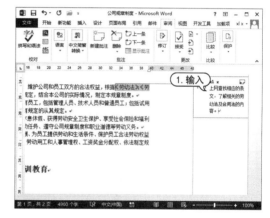

图 4-74　输入批注文本

STEP 17 使用同样的方法添加其他批注框并输入批注文本,如图 4-75 所示。

STEP 18 打开【审阅】选项卡,在【修订】组中单击【修订】按钮,如图 4-76 所示。

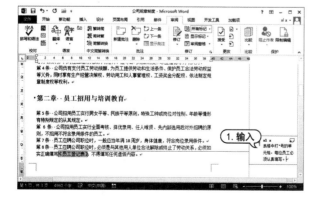

图 4-75　输入其余批注文本

图 4-76　单击【修订】按钮

STEP 19 进入修订模式,删除多余的文本"另多",显示删除效果,如图 4-77 所示。

STEP 20 单击【更改】组中的【接受】按钮,在下拉菜单中选择【接受所有修订】命令,完成文档修订,如图 4-78 所示。

STEP 21 单击快速访问工具栏中的【保存】按钮,保存该文档。

天通知员工的,~~另多~~支付员工一个月工资的补偿金（代通知金）；……↵
第 19 条··员工有下列情形之一,公司不得依据本规定第 18 条的规定解除
依据本规定第 17 条的规定解除劳动合同：↵
（1）患职业病或因工负伤被确认完全丧失或部分丧失劳动能力的；↵
（2）患病或非因公负伤,在规定的医疗期内的；↵
（3）女职工在符合计划生育规定的孕期、产期、哺乳期内的；↵
（4）应征入伍,在义务服兵役期间的；↵
（5）法律、法规、规章规定的其他情形。↵

图 4-77 删除文本

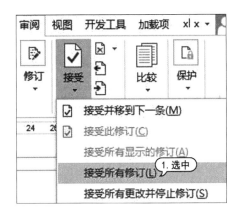

图 4-78 选择【接受所有修订】命令

第5章

Excel 表格基础操作

    Excel 2013 是目前功能最强大的电子表格制作软件之一,它具有强大的数据组织、计算、分析和统计功能。工作簿、工作表和单元格是构成 Excel 的支架。本章将介绍 Excel 2013 的构成部分以及表格输入、表格格式设置等基础操作内容。

对应的光盘视频

5.1 认识 Excel 2013 基本元素

Excel 2013 的基本元素包括工作簿、工作表与单元格,它们是构成 Excel 2013 的支架,本节将详细介绍工作簿、工作表、单元格以及它们之间的关系。

5.1.1 工作簿

Excel 以工作簿为单元来处理工作数据和存储数据。工作簿文件是 Excel 存储在计算机磁盘上的最小独立单位,其扩展名为". xlsx"。工作簿窗口是 Excel 打开的工作簿文档窗口,它由多个工作表组成。刚启动 Excel 2013 时,系统默认打开一个名为"工作簿 1"的空白工作簿,如图 5-1 所示。

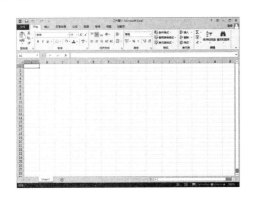

图 5-1　工作簿　　　　　　　　　　　图 5-2　工作表

5.1.2 工作表

工作表是在 Excel 中用于存储和处理数据的主要文档,也是工作簿的重要组成部分,又称为电子表格,如图 5-2 所示。

工作表是 Excel 的工作平台,若干个工作表构成一个工作簿。在默认情况下,一个工作簿由 3 个工作表构成,单击不同的工作表标签可以在工作表中进行切换。在使用工作表时,只有一个工作表处于当前活动状态。新建工作簿时,系统会默认创建 3 个工作表,名称分别为 Sheet1、Sheet2 与 Sheet3。

5.1.3 单元格

工作表是由单元格组成的,每个单元格都有其独一无二的名称,在 Excel 中,对单元格的命名主要是通过行号和列标来完成的,其中又分为单个单元格的命名和单元格区域的命名两种。

单个单元格的命名采用列标＋行号的方式,例如 A3 单元格指的是第 A 列、第 3 行的单元格,如图 5-3 所示。

单元格区域的命名格式是:单元格区域中左上角的单元格名称:单元格区域中右下角的单元格名称。例如,如图 5-4 所示,选定单元格区域的名称为 A1:F12。

工作簿、工作表与单元格之间的关系是包含与被包含的关系,即工作表由多个单元格组成,而工作簿又包含一个或多个工作表。

　　为了能够使用户更加明白工作簿和工作表的含义,可以把工作簿看成一本书,一本书是由若干页组成的,同样,一个工作簿也是由许多"页"组成。在 Excel 2013 中,把"书"称为工作簿,把"页"称为工作表(Sheet)。首次启动 Excel 2013 时,系统默认的工作簿名称为"工作簿1",并且显示它的第一个工作表(Sheet1)。

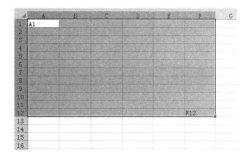

图 5-3　单元格　　　　　　　　　　　　　图 5-4　单元格区域

5.2　工作簿的基础操作

　　工作簿是保存 Excel 文件的基本单位,在 Excel 2013 中,用户的所有操作都是在工作簿中进行的,本节将详细介绍工作簿的相关基础操作,包括创建新工作簿、保存工作簿、打开工作簿以及保护工作簿等。

5.2.1　新建工作簿

　　启动 Excel 时可以自动创建一个空白工作簿。除了通过启动 Excel 新建工作簿外,在编辑过程中可以直接创建空白的工作簿,也可以根据模板来创建带有样式的新工作簿。

▽　新建空白工作簿:单击【文件】按钮,在弹出的菜单中选择【新建】命令,然后单击右侧列表框中的【空白工作簿】图标,即可创建一个空白工作簿,如图 5-5 所示。

▽　通过模板新建工作簿:单击【文件】按钮,在弹出的菜单中选择【新建】命令,在右侧列表框中单击带有模板的工作簿选项,然后在打开的对话框中单击【创建】按钮,即可根据所选的模板新建一个工作簿。另外用户还可通过搜索框来搜索自己想要的模板,如图 5-6 所示。

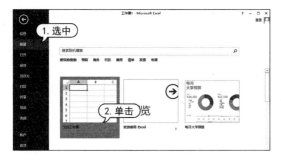

图 5-5　新建空白工作簿

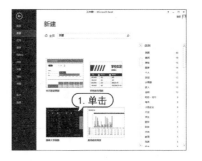

图 5-6　通过模板新建工作簿

5.2.2 保存工作簿

在对工作表进行操作时,应记住经常保存 Excel 工作簿,以免因一些突发状况而丢失数据。常用的保存 Excel 工作簿的方法有以下 3 种:

▽ 在快速访问工具栏中单击【保存】按钮 。

▽ 单击【文件】按钮,在弹出的菜单中选择【保存】命令。

▽ 使用 Ctrl＋S 快捷键。

当 Excel 工作簿第一次被保存时会自动打开【另存为】对话框,在其中设置工作簿的保存名称、位置以及格式等,然后单击【保存】按钮即可保存该工作簿。

 5.2.3 打开和关闭工作簿

当工作簿被保存后,可在 Excel 2013 中再次打开该工作簿,而在不需要该工作簿时可将其关闭。

1. 打开工作簿

打开工作簿的常用方法有如下几种。

▽ 直接双击 Excel 文件打开工作簿:找到工作簿的保存位置,直接双击其文件图标,Excel 软件将自动识别并打开该工作簿。

▽ 使用【最近使用的工作簿】列表打开工作簿:单击【文件】按钮,在弹出的菜单中选择【打开】命令,在打开的【打开】选项区域中选择【最近使用的工作簿】选项,即可显示 Excel 软件最近打开的工作簿列表,单击列表中的工作簿名称可以打开相应的工作簿文件,如图 5-7 所示。

▽ 通过【打开】对话框打开工作簿:单击【文件】按钮,在弹出的菜单中选择【打开】命令,在打开的【打开】选项区域中选择【计算机】选项,然后单击【浏览】按钮,即可打开【打开】对话框,在该对话框中选中一个 Excel 文件后单击【打开】按钮,即可将该文件在 Excel 2013 中打开,如图 5-8 所示。

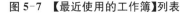

图 5-7 【最近使用的工作簿】列表　　　　图 5-8 【打开】对话框

2. 关闭工作簿

在对工作簿中的工作表编辑完成以后,可以将工作簿关闭。在 Excel 2013 中,关闭工作簿主要有以下几种方法。

▽ 单击【关闭】按钮 ×:单击标题栏右侧的 × 按钮,将直接退出 Excel 软件。

▽ 双击文件图标 :双击标题栏上的文件图标 ,将关闭当前工作簿。

▽ 按下快捷键：按下 Alt＋F4 组合键将强制关闭所有工作簿并退出 Excel 软件。

5.3　工作表的基础操作

工作表是工作簿窗口的主体，也是进行操作的主体，它是由若干个行和列组成的表格。对工作表的基础操作主要包括工作表的选择与切换、工作表的插入与删除、工作表的移动与复制以及工作表的重命名等。

5.3.1　选定工作表

由于一个工作簿中往往包含多个工作表，因此操作前需要选定工作表。选定工作表的常用操作包括以下几种。

▽ 选定一个工作表：直接单击该工作表的标签即可选定一个工作表，如图 5-9 所示为选定【Sheet2】工作表。

▽ 选定相邻的工作表：首先选定第一个工作表标签，然后按住 Shift 键不松并单击其他相邻工作表的标签即可，如图 5-10 所示。

图 5-9　选定一个工作表

图 5-10　选定相邻的工作表

▽ 选定不相邻的工作表：首先选定第一个工作表，然后按住 Ctrl 键不松并单击其他任意一个工作表标签即可，如图 5-11 所示。

▽ 选定工作簿中的所有工作表：右击任意一个工作表标签，在弹出的快捷菜单中选择【选定全部工作表】命令即可，如图 5-12 所示。

图 5-11　选定不相邻的工作表

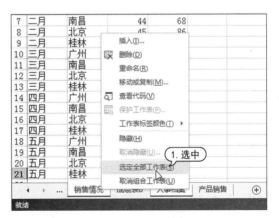

图 5-12　选定工作簿中的所有工作表

5.3.2　插入工作表

如果工作簿中的工作表数量不够，用户可以在工作簿中插入工作表。插入工作表常用操作包括以下几种。

▽ 使用右键快捷菜单：选定当前活动工作表，将光标指向该工作表的标签，然后单击鼠标右键，在弹出的快捷菜单中选择【插入】命令，打开【插入】对话框，在对话框的【常用】选项卡中选择【工作表】选项并单击【确定】按钮即可插入工作表，如图 5-13 所示。

▽ 单击【插入工作表】按钮：工作表切换标签的右侧有一个【新工作表】按钮⊕，单击该按钮可以快速插入工作表，

▽ 选择功能区中的命令：选择【开始】选项卡，在【单元格】选项组中单击【插入】下拉按钮，在弹出的菜单中选择【插入工作表】命令，即可插入工作表（插入的新工作表位于当前工作表左侧），如图 5-14 所示。

图 5-13 【插入】对话框　　　　　图 5-14 选择【插入工作表】命令

5.3.3 重命名工作表

在 Excel 2013 中，工作表的默认名称为 Sheet1、Sheet2、Sheet3……为了便于记忆与使用，可以重新命名工作表。

要改变工作表的名称，只需双击选中的工作表标签，这时工作表标签以反白显示，在其中输入新的名称并按下 Enter 键即可，如图 5-15 所示。

图 5-15 输入新工作表名称

此外还可以先选中需要改名的工作表，打开【开始】选项卡，在【单元格】组中单击【格式】按钮，在弹出的菜单中选择【重命名工作表】命令，或者右击工作表标签，在弹出的快捷菜单中选择【重命名】命令，此时该工作表标签会处于可编辑状态，用户输入新的工作表名称即可，如图 5-16 所示。

5.3.4 移动和复制工作表

在使用 Excel 2013 进行数据处理时，经常把描述同一事物相关特征的数据放在一个工作表中，而把相互之间具有某种联系的不同事物安排在不同的工作表或不同的工作簿中，这时就需要在工作簿内或工作簿间移动或复制工作表。

1. 在工作簿内移动或复制工作表

在同一工作簿内移动工作表的操作方法非常简单，只需选定要移动的工作表，然后沿工作

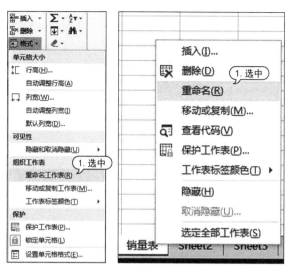

图 5-16　重命名工作表

表标签行拖动选定的工作表标签即可；如果要在当前工作簿中复制工作表，需要在按住 Ctrl 键的同时按下鼠标拖动工作表并在目的地释放鼠标，然后松开 Ctrl 键即可。如果复制工作表，则新工作表的名称会在原来相应工作表名称后附加用括号括起来的数字，表示两者是不同的工作表。

2.　在工作簿之间移动或复制工作表

在两个或多个不同的工作簿间移动或复制工作表时，同样可以通过在工作簿内移动或复制工作表的方法来实现，不过这种方法要求源工作簿和目标工作簿同时打开。

【例 5-1】　将现有的《人事档案》工作簿中的【销售情况】工作表移动到《新建档案》工作簿中。 视频+素材

STEP 01　启动 Excel 2013，同时打开《新建档案》和《人事档案》工作簿后，在《人事档案》工作簿中选中【销售情况】工作表，如图 5-17 所示。

STEP 02　在【开始】选项卡的【单元格】组中单击【格式】按钮，在弹出的菜单中选择【移动或复制工作表】命令，如图 5-18 所示。

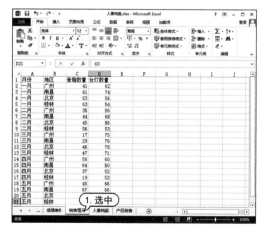

图 5-17　选中【销售情况】工作表

图 5-18　选择【移动或复制工作表】命令

STEP 03 在打开的【移动或复制工作表】对话框中,在【工作簿】下拉列表中选择【新建档案.xlsx】选项,然后在【下列选定工作表之前】列表框中选择【Sheet1】选项并单击【确定】按钮,如图5-19 所示。

STEP 04 此时,《人事档案》工作簿中的【销售情况】工作表将会移动至《新建档案》工作簿的Sheet1 工作表之前,如图 5-20 所示。

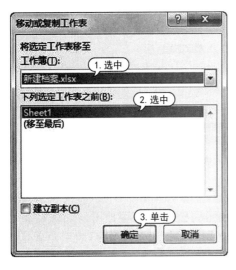

图 5-19 【移动或复制工作表】对话框

图 5-20 移动工作表

5.3.5 删除工作表

根据实际工作的需要,有时可以从工作簿中删除工作表。要删除一个工作表,首先单击工作表标签,选定该工作表,然后在【开始】选项卡的【单元格】组中单击【删除】下拉按钮,在弹出的菜单中选择【删除工作表】命令即可删除该工作表。此时,该工作表右侧的工作表将自动变成当前的活动工作表,如图 5-21 所示。

此外还可以在要删除的工作表的标签上右击,在弹出的快捷菜单中选择【删除】命令,即可删除选定的工作表,如图 5-22 所示。

图 5-21 选择【删除工作表】命令

图 5-22 选择【删除】命令

5.4 单元格的基础操作

单元格是构成电子表格的基本元素,因此绝大多数的操作都针对单元格来完成。在向单元格中输入数据前,需要对单元格进行选择、合并、拆分等基础操作。

 5.4.1　选定单元格

Excel 的表格是由横线和竖线相交而成的格子。由横线间隔出来的区域称为"行",由竖线间隔出来的区域称为"列",行列互相交叉而形成的格子称为"单元格"。

▽ 要选定单个单元格,只需单击该单元格即可。

▽ 按住鼠标左键并拖动鼠标可选定一个连续的单元格区域,如图 5-23 所示。

▽ 按住 Ctrl 键的同时用鼠标单击所需的单元格,可选定不连续的单元格或单元格区域,如图 5-24 所示。

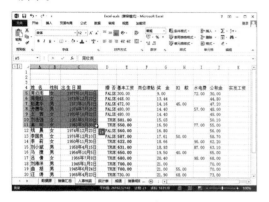

图 5-23　选定连续的单元格区域

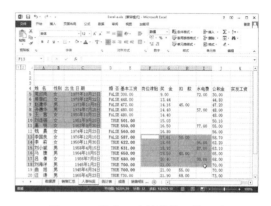

图 5-24　选定不连续的单元格区域

📎 **知识点滴**

单击工作表中的行标可选定整行;单击工作表中的列标可选定整列;单击工作表左上角行标和列标的交叉处,即全选按钮,可选定整个工作表。

 5.4.2　合并和拆分单元格

在编辑表格的过程中,有时需要对单元格进行合并或者拆分操作。

合并单元格是指将选定的连续的单元格区域合并为一个单元格,而拆分单元格则是合并单元格的逆操作。

1. 合并单元格

要合并单元格,可采用以下两种方法。

第一种方法:选定需要合并的单元格区域,打开【开始】选项卡,在该选项卡的【对齐方式】组中单击【合并后居中】下拉按钮 ，在弹出的下拉菜单中有 4 个命令,如图 5-25 所示。这些命令的含义分别如下。

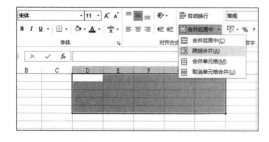

图 5-25　选择命令

图 5-26　合并后居中

▽ 合并后居中:将选定的连续单元格区域合并为一个单元格,并将合并后单元格中的数据居中显示,如图 5-26 所示。

▽ 跨越合并:行与行之间相互合并,而上下单元格之间不参与合并,如图 5-27 所示。

图 5-27　跨越合并

▽ 合并单元格:将所选的单元格区域合并为一个单元格。

▽ 取消单元格合并:合并单元格的逆操作,即拆分单元格。

　　第二种方法:选定要合并的单元格区域,在选定区域中右击,在弹出的快捷菜单中选择【设置单元格格式】命令,打开【设置单元格格式】对话框,在该对话框的【对齐】选项卡的【文本控制】选项区域中选中【合并单元格】复选框,单击【确定】按钮后即可将选定区域的单元格合并,如图 5-28 所示。

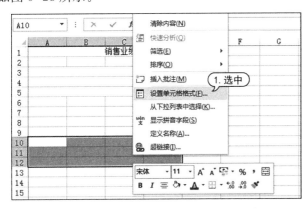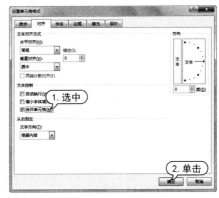

图 5-28　【设置单元格格式】对话框

2. 拆分单元格

拆分单元格是合并单元格的逆操作,只有对合并后的单元格才能够进行拆分。

　　若要拆分单元格,可选定单元格,然后再次单击【合并后居中】按钮,或者单击【合并后居中】下拉按钮,在弹出的下拉菜单中选择【取消单元格合并】命令,即可将单元格拆分为合并前的状态,如图 5-29 所示。

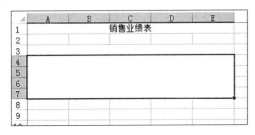

图 5-29　拆分单元格

5.4.3　插入和删除单元格

在编辑工作表的过程中,经常需要进行单元格、行和列的插入或删除等编辑操作。

1. 插入行、列和单元格

在工作表中选定要插入行、列或单元格的位置,在【开始】选项卡的【单元格】组中单击【插入】下拉按钮,在弹出的下拉菜单中选择相应命令即可插入行、列和单元格。若选择【插入单元格】命令,会打开【插入】对话框,在其中可以设置插入单元格后移动原有的单元格,如图 5-30 所示。

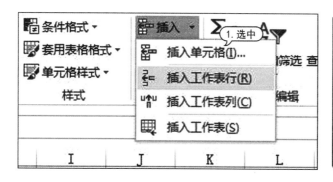

图 5-30　【插入】对话框

2. 删除行、列和单元格

如果工作表的某些数据及其位置不再需要时,则可以使用【开始】选项卡的【单元格】组中的【删除】按钮执行删除操作。单击【删除】下拉按钮,在弹出的菜单中选择【删除单元格】命令,会打开【删除】对话框,在其中可以设置删除单元格或设置其他位置的单元格移动,如图 5-31 所示。

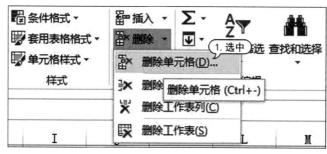

图 5-31　【删除】对话框

5.5　数据的输入

创建完工作表后,就可以在工作表的单元格中输入数据。用户可以像在 Word 文档中一样,在工作表中手动输入文本、数字等数据。

5.5.1 输入普通文本

在 Excel 2013 中,文本型数据通常是指字符或者任何数字和字符的组合。输入到单元格内的任何字符集只要不被系统解释成数字、公式、日期、时间或者逻辑值,则 Excel 2013 一律将其视为文本。在 Excel 2013 中输入文本时,系统默认的对齐方式是左对齐。

在表格中输入文本型数据的方法主要有以下 3 种。

▽ 在数据编辑栏中输入:选定要输入文本型数据的单元格,将鼠标光标移动到数据编辑栏处单击,将插入点定位到编辑栏中,然后输入内容即可。

▽ 在单元格中输入:双击要输入文本型数据的单元格,将插入点定位到该单元格内,然后输入内容即可。

▽ 选定单元格输入:选定要输入文本型数据的单元格,直接输入内容即可。

【例 5-2】 创建一个《考勤表》工作簿并输入相关数据。 视频+素材

STEP 01 启动 Excel 2013,创建一个空白工作簿,单击快速访问工具栏中的【保存】按钮,在打开的【另存为】选项区域中单击【浏览】按钮,如图 5-32 所示。

STEP 02 在打开的【另存为】对话框中设置工作簿的保存路径并输入名称"考勤表"后,单击【保存】按钮,如图 5-33 所示。

图 5-32 单击【浏览】按钮

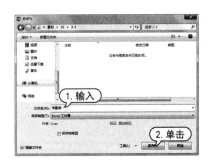

图 5-33 【另存为】对话框

STEP 03 选中 A1 单元格,然后直接输入文本"考勤表",如图 5-34 所示。

STEP 04 选定 A3 单元格,将鼠标光标定位在编辑栏中,输入文本"姓名",然后按照上面介绍的方法,在其他单元格中输入文本,如图 5-35 所示。

图 5-34 输入文本

图 5-35 输入其余文本

5.5.2 输入特殊符号

用户可以在表格中输入特殊符号,一般在【符号】对话框中进行操作。

【例 5-3】 在《考勤表》工作簿中输入特殊符号。 视频+素材

STEP 01 启动 Excel 2013，打开《考勤表》工作簿，选中 A15 单元格后，输入文本"上班"，然后打开【插入】选项卡，并在【符号】组中单击【符号】按钮 Ω符号，如图 5-36 所示。

STEP 02 在打开的【符号】对话框中选中需要插入的符号后，单击【插入】按钮，如图 5-37 所示。

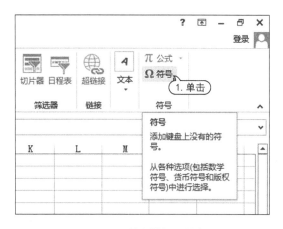

图 5-36　单击【符号】按钮

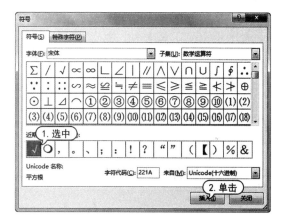

图 5-37　【符号】对话框

STEP 03 此时，A15 单元格中将添加相应的符号，如图 5-38 所示。

STEP 04 参考上面介绍的方法，在 B15、C15 和 D15 单元格中输入文本并插入符号，如图 5-39 所示。

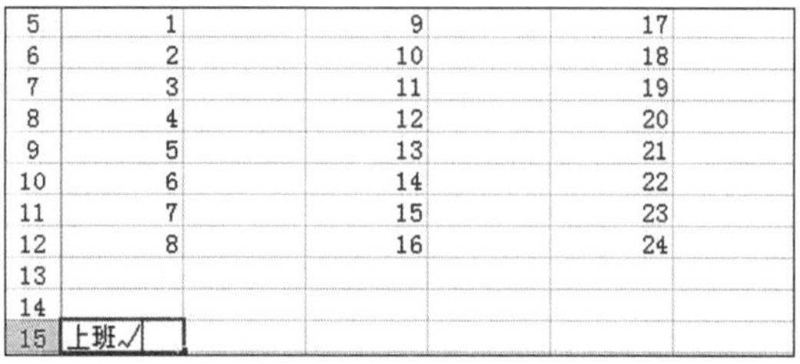

图 5-38　插入符号

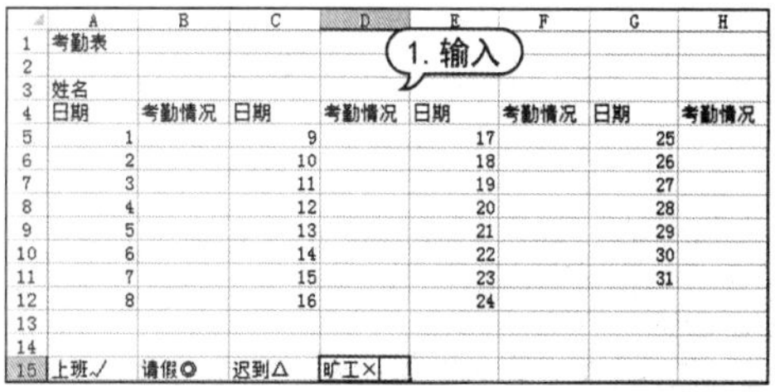

图 5-39　输入文本并插入符号

5.5.3　输入数字型数据

在 Excel 工作表中，数字型数据是最常见、最重要的数据类型。而且 Excel 2013 强大的数据处理功能、数据库功能以及在企业财务、数学运算等方面的应用几乎都离不开数字型数据。在 Excel 2013 中数字型数据包括货币、日期与时间等类型。

【例 5-4】 制作一个《工资表》工作簿，在表格中输入每个员工的工资（货币型数据）。 视频+素材

STEP 01 启动 Excel 2013，创建《工资表》工作簿并输入文本型数据，如图 5-40 所示。

STEP 02 选定 C4:G14 单元格区域，在【开始】选项卡的【数字】组中单击对话框启动器按钮 ，如图 5-41 所示。

图 5-40　输入数据

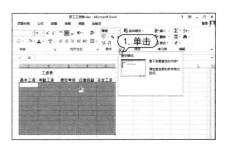

图 5-41　单击对话框启动器按钮

STEP 03 在打开的【设置单元格格式】对话框的【数字】选项卡中选中【货币】选项,在右侧的【小数位数】微调框中设置数值为【2】,【货币符号】选择【￥】,在【负数】列表框中选择一种负数格式,单击【确定】按钮,如图 5-42 所示。

STEP 04 此时,当在 C4:G14 单元格区域中输入数字后,系统会自动将其转化为货币型数据,如图 5-43 所示。

图 5-42　【设置单元格格式】对话框

图 5-43　输入数字

5.5.4　输入特殊数据

Excel 2013 可以输入一些特殊数据,比如身份证号码、指数上标、分数等。

1. 输入身份证号码

我国身份证号码一般是 15 位到 18 位,由于 Excel 能够处理的数字精度最大为 15 位,因此所有多于 15 位的数字会被当做"0"保持,而多于 11 位的数字默认以科学计数法来表示,如图 5-44 所示。

图 5-44　以科学计数法表示的数字

图 5-45　加单引号表示的数字

要正确地显示身份证号码,可以让 Excel 以文本型数据来显示。一般有以下两种方法来将数字强制转换为文本。

▽ 在输入身份证号码前,先输入一个半角格式的单引号"'"。该符号用来表示其后面的内容为文本字符串,如图 5-45 所示。

▽ 单击【开始】选项卡的【数字】组中的对话框启动器按钮,在打开的对话框中选择【文本】选项,单击【确定】按钮,然后再输入身份证号码。

2. 输入分数

要在单元格内输入分数,正确的输入方式是:整数部分＋空格＋分子＋斜线＋分母,整数部分为零时也要输入"0"进行占位。比如要输入分数 1/4，则可以在单元格内输入"0 1/4"。输入完毕后，按 Enter 键或单击其他单元格，Excel 自动显示为"1/4"，如图 5-46 所示。

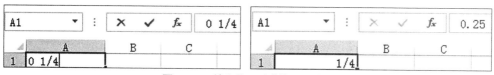

图 5-46　输入"0 1/4"的显示效果

Excel 会自动对分数进行分子分母的约分，比如输入"2 5/10"，将会自动转换为"2 1/2"，如图 5-47 所示。

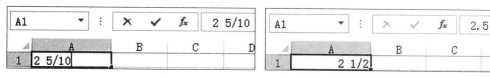

图 5-47　输入"2 5/10"的显示效果

如果用户所输入分数的分子大于分母，Excel 会自动进位换算。比如输入"0 17/4"，将会显示为"4 1/4"，如图 5-48 所示。

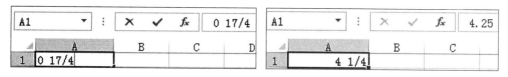

图 5-48　输入"0 17/4"的显示效果

3. 输入指数上标

在输入数学和工程等相关数据上，有时会需要输入带有指数上标的数字或符号。在 Excel 2013 中可以使用设置单元格格式的方法来改变指数上标的显示。

比如要在单元格中输入"K^{-3}"，可以先在单元格内输入"K^{-3}"，选中文本中的"$^{-3}$"，然后按 Ctrl＋1 组合键打开【设置单元格格式】对话框，在该对话框的【字体】选项卡里选中【上标】复选框，单击【确定】按钮，如图 5-49 所示。此时，在单元格中将数据显示为有指数上标的效果，如图 5-50 所示。

图 5-49　选中【上标】复选框

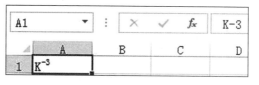

图 5-50　指数上标显示效果

5.6 数据的填充

当需要在连续的单元格中输入相同或者有规律的数据(等差或等比)时，可以使用 Excel 提供的填充数据功能来实现。

5.6.1 自动填充数据

在制作表格时，有时需要输入一些相同或有规律的数据。如果手动依次输入这些数据，会占用很多时间。Excel 2013 针对这类数据提供了自动填充功能，大大提高了输入效率。

1. 使用控制柄填充相同的数据

选定单元格或单元格区域时会出现一个黑色边框的选区，此时选区右下角会出现一个控制柄，将鼠标指针移动置于它的上方时会变成 ✚ 形状，通过拖动该控制柄可实现数据的快速填充，如图 5-51 所示。

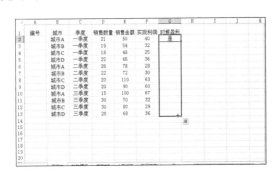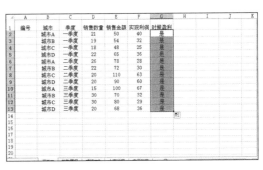

图 5-51 填充相同的数据

2. 使用控制柄填充有规律的数据

有时候需要在表格中输入有规律的数字，例如星期一、星期二……或一员工编号、二员工编号、三员工编号……以及天干、地支和年份等数据。此时可以使用 Excel 的特殊类型数据填充功能进行快速填充。

在起始单元格中输入起始数据，在第二个单元格中输入第二个数据，然后选定这两个单元格，将鼠标光标移动到选区右下角的控制柄上，按下鼠标左键并拖动鼠标至所需位置，最后释放鼠标，Excel 即可根据第一个单元格和第二个单元格中数据的特点自动填充数据，如图 5-52 所示。

3. 填充等差数列

如果一个数列从第二项起，每一项与它的前一项的差等于同一个常数，这个数列就叫做等差数列，这个常数叫做等差数列的公差。

在 Excel 中也经常会遇到填充等差数列的情况，例如员工编号 1、2、3 等，此时就可以使用 Excel 的自动累加功能来进行填充了。

例如，在 A2 单元格中输入"1"，将鼠标指针移至 A2 单元格右下角的小方块处，当鼠标指针变为 ✚ 形状时，按住 Ctrl 键，同时按住鼠标左键不放并拖动鼠标至 A13 单元格中，此时释放鼠标左键，即可在 A2：A13 单元格区域中填充等差数列，即 1、2、3 等数字，如图 5-53 所示。

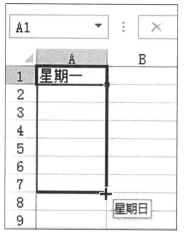

图 5-52　填充有规律的数据

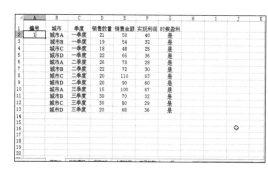

图 5-53　填充等差数列

5.6.2　使用【序列】对话框

在【开始】选项卡的【编辑】组中单击【填充】下拉按钮,在弹出的菜单中选择【系列】命令,打开【序列】对话框,在其中设置相应选项即可进行数据填充,如图 5-54 所示。

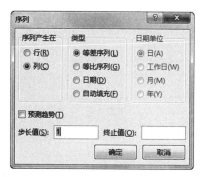

图 5-54　【序列】对话框

▽**实用技巧**

在【序列】对话框中的【序列产生在】、【类型】、【日期单位】选项区域中选择需要的选项,然后在【预测趋势】、【步长值】和【终止值】等选项中进行选择或输入值,完成填充。

【序列】对话框中各选项的功能如下。

▽ 【序列产生在】选项区域:在该选项区域中可以确定序列是按选定行还是按选定列来填充。选定区域的每行或每列中第一个单元格或单元格区域的内容将作为序列的初始值。

轻松学 电脑教程系列

▽【类型】选项区域:在该选项区域中可以选择需要填充的序列类型。其中:

【等差序列】:创建等差序列或最佳线性趋势。如果取消选中【预测趋势】复选框,线性序列将通过逐步递加【步长值】文本框中的数值来产生;如果选中【预测趋势】复选框,将忽略【步长值】文本框中的值,线性趋势将在所选数值的基础上计算产生。所选初始值将被符合趋势的数值所代替。

【等比序列】:创建等比序列或几何增长趋势。

【日期】:用日期填充序列。日期序列的增长取决于用户在【日期单位】选项区域中所选择的选项。如果在【日期单位】选项区域中选中【日】单选按钮,那么日期序列将按天增长。

【自动填充】:根据包含在所选区域中的数值,用数据序列填充区域中的空白单元格,该选项与拖动填充柄来填充序列的效果一样。【步长值】文本框中的值与用户在【日期单位】选项区域中选择的选项都将被忽略。

▽【日期单位】选项区域:在该选项区域中可以指定日期序列是按天、按工作日、按月还是按年增长。只有在创建日期序列时此选项区域才有效。

▽【预测趋势】复选框:对于等差序列,计算最佳直线;对于等比序列,计算最佳几何曲线。趋势的步长值取决于选定单元格区域左侧或顶部的原有数值。如果选中此复选框,则【步长值】文本框中的任何值都将被忽略。

▽【步长值】文本框:输入一个正值或负值来指定序列每次增加或减少的值。

▽【终止值】文本框:输入一个正值或负值来指定序列的终止值。

【例 5-5】 在《工资表》文档中使用【序列】对话框快速填充数据。 视频＋素材

STEP 01 启动 Excel 2013,打开《工资表》工作簿,选择 A 列,右击打开快捷菜单,选择【插入】命令,插入一个新列。在 A3 单元格中输入"编号",在 A4 单元格中输入"1",如图 5-55 所示。

STEP 02 选定 A4:A14 单元格区域,选择【开始】选项卡,在【编辑】组中单击【填充】下拉按钮,在弹出的菜单中选择【序列】命令,如图 5-56 所示。

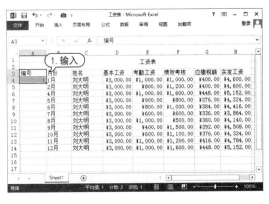

图 5-55　输入文本

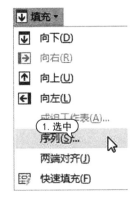

图 5-56　选择【序列】命令

STEP 03 打开【序列】对话框,在【序列产生在】选项区域中选中【列】单选按钮;在【类型】选项区域中选中【等差序列】单选按钮;在【步长值】文本框中输入"1",单击【确定】按钮,如图 5-57 所示。

STEP 04 此时表格内自动填充步长为 1 的数据,如图 5-58 所示。

图 5-57　设置【序列】对话框

图 5-58　自动填充数据

5.7 案例演练

本章的案例演练通过制作《员工工资表》和保护工作簿两个实例操作,使用户通过练习可以巩固本章所学知识。

5.7.1 制作《员工工资表》

【例 5-6】 创建一个《员工工资表》工作簿,并在表格中输入各种数据。 📹视频+素材

STEP 01 启动 Excel 2013,新建一个空白工作簿,并将其命名为"员工工资表"。

STEP 02 在【Sheet1】工作表的 A1:F1 单元格区域中依次输入"员工工号"、"员工姓名"、"基本工资"、"提成"、"补贴"与"实发工资"文本数据,如图 5-59 所示。

STEP 03 选定 A2 单元格,在其中输入员工起始工号"A02001",如图 5-60 所示。

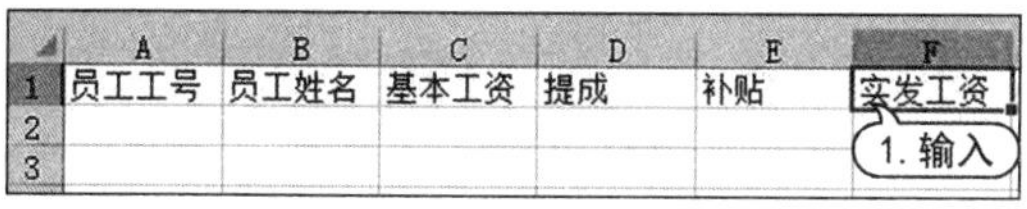

图 5-59　输入文本

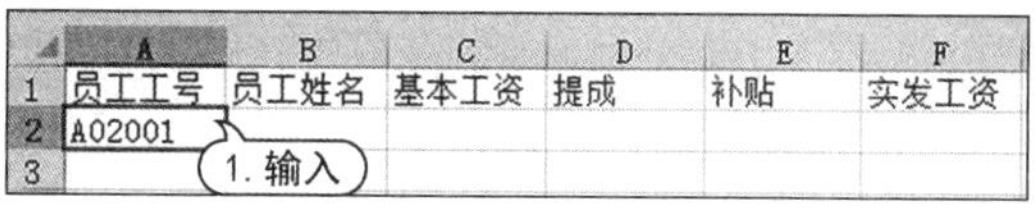

图 5-60　输入员工起始工号

STEP 04 将鼠标指针移至 A2 单元格右下角的小方块处,当鼠标指针变为 ➕ 形状时,按住 Ctrl 键,同时按住鼠标右键不放并拖动鼠标至 A12 单元格,释放鼠标左键,即可在 A3：A12 单元格区域中快速填充有规律的数据:A02002、A02003、A02004、A02005 等,如图 5-61 所示。

STEP 05 在【员工姓名】列中输入员工姓名,然后选中 C2:F12 单元格区域,如图 5-62 所示。

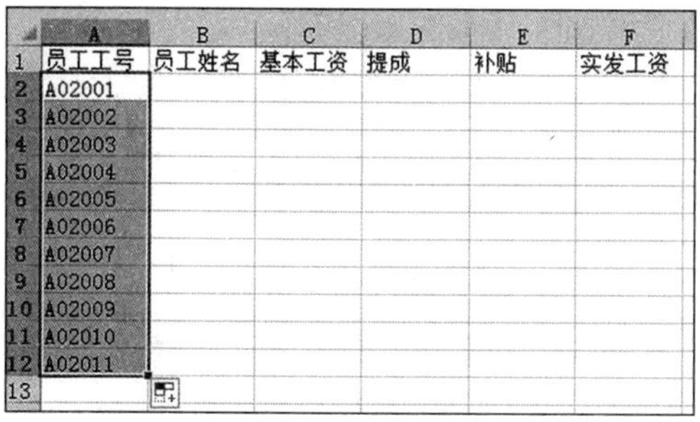

图 5-61　填充数据

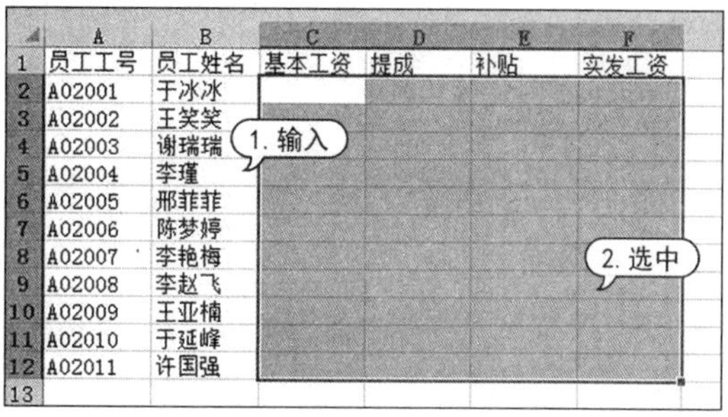

图 5-62　输入员工姓名

STEP 06 在【开始】选项卡的【数字】组中单击对话框启动器按钮 ，如图 5-63 所示。

STEP 07 打开【设置单元格格式】对话框的【数字】选项卡,在左侧的【分类】列表框中选择【货币】选项,在对话框的右侧设置货币的格式,设置完成后单击【确定】按钮,如图 5-64 所示。

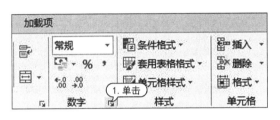

图 5-63 单击对话框启动器按钮

图 5-64 设置货币的格式

STEP 08 设置完成后,在 C2:F12 单元格区域中输入相关数据,如图 5-65 所示。

STEP 09 选中 A1 单元格,在【开始】选项卡的【单元格】组中单击【插入】按钮,在弹出的菜单中选择【插入工作表行】命令,此时即可插入一行,然后选中新插入的 A1:F1 单元格区域,如图 5-66 所示。

	A	B	C	D	E	F
1	员工工号	员工姓名	基本工资	提成	补贴	实发工资
2	A02001	于冰冰	¥1,500.00	¥3,000.00	¥600.00	
3	A02002	王笑笑	¥1,500.00	¥2,500.00	¥800.00	
4	A02003	谢瑞瑞	¥1,500.00	¥3,600.00	¥900.00	
5	A02004	李瑾	¥1,500.00	¥2,500.00	¥600.00	
6	A02005	邢菲菲	¥1,500.00	¥1,200.00	¥700.00	
7	A02006	陈梦婷	¥1,500.00	¥2,300.00	¥600.00	
8	A02007	李艳梅	¥1,500.00	¥1,900.00	¥600.00	
9	A02008	李赵飞	¥1,500.00	¥2,600.00	¥600.00	
10	A02009	王亚楠	¥1,500.00	¥2,500.00	¥900.00	
11	A02010	于延峰	¥1,500.00	¥2,300.00	¥600.00	
12	A02011	许国强	¥1,500.00	¥2,100.00	¥600.00	

图 5-65 输入数据

	A	B	C	D	E	F
1						
2	员工工号	员工姓名	基本工资	提成	补贴	实发工资
3	A02001	于冰冰	¥1,500.00	¥3,000.00	¥600.00	
4	A02002	王笑笑	¥1,500.00	¥2,500.00	¥800.00	
5	A02003	谢瑞瑞	¥1,500.00	¥3,600.00	¥900.00	
6	A02004	李瑾	¥1,500.00	¥2,500.00	¥600.00	
7	A02005	邢菲菲	¥1,500.00	¥1,200.00	¥700.00	
8	A02006	陈梦婷	¥1,500.00	¥2,300.00	¥600.00	
9	A02007	李艳梅	¥1,500.00	¥1,900.00	¥600.00	
10	A02008	李赵飞	¥1,500.00	¥2,600.00	¥600.00	
11	A02009	王亚楠	¥1,500.00	¥2,500.00	¥900.00	
12	A02010	于延峰	¥1,500.00	¥2,300.00	¥600.00	
13	A02011	许国强	¥1,500.00	¥2,100.00	¥600.00	
14						

图 5-66 新插入一行

STEP 10 在【开始】选项卡的【对齐方式】组中单击【合并后居中】按钮,合并 A1:F1 单元格区域,如图 5-67 所示。

STEP 11 在合并后的单元格区域中输入表格的标题"员工工资表",然后按下 Ctrl＋S 键保存表格,如图 5-68 所示。

图 5-67 单击【合并后居中】按钮

	A	B	C	D	E	F
1			员工工资表			
2	员工工号	员工姓名	基本工资	提成	补贴	实发工资
3	A02001	于冰冰	¥1,500.00	¥3,000.00	¥600.00	
4	A02002	王笑笑	¥1,500.00	¥2,500.00	¥800.00	
5	A02003	谢瑞瑞	¥1,500.00	¥3,600.00	¥900.00	
6	A02004	李瑾	¥1,500.00	¥2,500.00	¥600.00	
7	A02005	邢菲菲	¥1,500.00	¥1,200.00	¥700.00	
8	A02006	陈梦婷	¥1,500.00	¥2,300.00	¥600.00	
9	A02007	李艳梅	¥1,500.00	¥1,900.00	¥600.00	
10	A02008	李赵飞	¥1,500.00	¥2,600.00	¥600.00	
11	A02009	王亚楠	¥1,500.00	¥2,500.00	¥900.00	
12	A02010	于延峰	¥1,500.00	¥2,300.00	¥600.00	
13	A02011	许国强	¥1,500.00	¥2,100.00	¥600.00	

图 5-68 输入标题

5.7.2 保护工作簿

【例 5-7】 使用 Excel 2013 的密码功能保护工作簿。 视频

STEP 01 启动 Excel 2013,新建一个空白文档《工作簿 1》,选择【审阅】选项卡,在【更改】组中单

击【保护工作簿】按钮,如图 5-69 所示。

STEP 02 打开【保护结构和窗口】对话框,选中【结构】复选框,在【密码】文本框中输入工作簿密码,然后单击【确定】按钮,如图 5-70 所示。

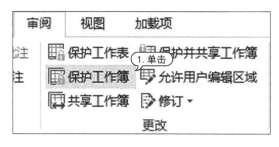

图 5-69　单击【保护工作簿】按钮

图 5-70　【保护结构和窗口】对话框

STEP 03 打开【确认密码】对话框,在【重新输入密码】文本框中再次输入密码,然后单击【确定】按钮,如图 5-71 所示。

STEP 04 工作簿被保护后,将无法完成调整工作簿结构与窗口的相关操作。

STEP 05 若想撤消保护工作簿,可在【审阅】选项卡的【更改】组中单击【保护工作簿】按钮,打开【撤消工作簿保护】对话框,在【密码】文本框中输入工作簿的保护密码,然后单击【确定】按钮,即可撤消保护工作簿,如图 5-72 所示。

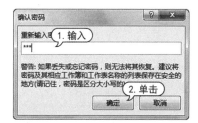

图 5-71　【确认密码】对话框

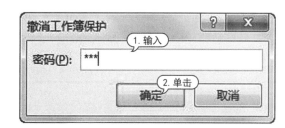

图 5-72　【撤消工作簿保护】对话框

◎ 知识点滴

　　在 Excel 2013 中也可以为工作表设置密码,防止其他用户私自更改工作表中的内容。在【更改】组中单击【保护工作表】按钮,在打开的【保护工作表】对话框中设置密码,即可对工作表进行保护。

第 6 章

管理和分析表格数据

在 Excel 2013 中不仅可以输入和编辑数据，还经常需要对 Excel 中的数据进行管理与分析，对数据按照一定的规律执行排序、筛选、分类汇总等操作，帮助用户更容易地整理电子表格中的数据。本章将介绍 Excel 2013 管理和分析表格数据的方法和技巧。

6.1 数据的排序

数据排序是指按一定规则对数据进行整理、排列,这样可以为数据的进一步处理做好准备。Excel 2013 提供了多种方法对数据清单进行排序,可以按升序或降序的方式排序,也可以由用户自定义排序。

6.1.1 快速排序

Excel 2013 默认的排序方式是根据单元格中的数据进行升序或降序排序。这种排序方式就是单条件排序。比如在按升序排序时,Excel 2013 自动将数据按如下顺序进行排列:

▽ 数值从最小的负数到最大的正数顺序排列。

▽ 逻辑值 FALSE 在前,TRUE 在后。

▽ 空格排在最后。

【例 6-1】 创建《模拟考试成绩汇总》工作簿,按成绩从高到低的顺序重新排列表格中的数据。视频+素材

STEP 01 启动 Excel 2013,新建一个名称为"模拟考试成绩汇总"的工作簿并输入数据。选择【Sheet1】工作表,选中成绩数据所在的 E3:E26 单元格区域,如图 6-1 所示。

STEP 02 选择【数据】选项卡,在【排序和筛选】组中单击【降序】按钮,打开【排序提醒】对话框。选中【扩展选定区域】单选按钮,然后单击【排序】按钮,如图 6-2 所示。

图 6-1　选中单元格区域

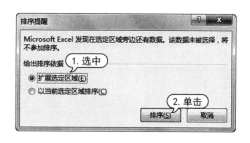

图 6-2　【排序提醒】对话框

STEP 03 返回工作簿窗口,此时,在工作表中显示排序后的数据,即按照成绩从高到低的顺序重新排列,如图 6-3 所示。

图 6-3　降序排序后的数据

实用技巧

　　使用【升序】按钮进行升序排列,其结果与降序排序结果相反。

6.1.2　多条件排序

　　多条件排序是依据多列的数据规则对工作表中的数据进行排序操作。如果使用快速排序，只能使用一个排序条件，因此当使用快速排序后，表格中的数据可能仍然没有达到用户的排序需求。这时，用户可以设置多个排序条件进行排序。

【例 6-2】 在《模拟考试成绩汇总》工作簿中，设置按成绩从低到高的顺序排列表格数据，如果成绩相同则按班级从低到高排序。🎬视频＋素材

STEP 01 启动 Excel 2013，打开《模拟考试成绩汇总》工作簿的【Sheet1】工作表。

STEP 02 选择【数据】选项卡，在【排序和筛选】组中单击【排序】按钮。打开【排序】对话框，在【主要关键字】下拉列表中选择【成绩】选项，在【排序依据】下拉列表中选择【数值】选项，在【次序】下拉列表中选择【升序】选项，然后单击【添加条件】按钮，如图 6-4 所示。

STEP 03 添加新的排序条件。在【次要关键字】下拉列表中选择【班级】选项，在【排序依据】下拉列表中选择【数值】选项，在【次序】下拉列表中选择【升序】选项，单击【确定】按钮，如图 6-5所示。

图 6-4　设置主要关键字

图 6-5　设置次要关键字

STEP 04 返回工作簿窗口，即可按照多个条件对表格中的数据进行排序，如图 6-6 所示。

💡实用技巧

　　若要删除已添加的排序条件，则在【排序】对话框中选择该排序条件，单击对话框上方的【删除条件】按钮即可。单击【选项】按钮，可以打开【排序选项】对话框，在其中可以设置排序方法。

图 6-6　多条件排序后的数据

6.1.3　自定义排序

Excel 2013 还允许用户对数据进行自定义排序，通过【自定义序列】对话框可以对排序的

依据进行设置。

【例 6-3】 在《模拟考试成绩汇总》工作簿中进行自定义排序。🎬视频+素材

STEP 01 启动 Excel 2013,打开《模拟考试成绩汇总》工作簿的【Sheet1】工作表。

STEP 02 将光标定位在表格数据中,选择【数据】选项卡,在【排序和筛选】组中单击【排序】按钮,打开【排序】对话框。在【主要关键字】下拉列表中选择【性别】选项,在【次序】下拉列表中选择【自定义序列】选项,如图 6-7 所示。

STEP 03 打开【自定义序列】对话框,在【输入序列】列表框中输入自定义序列内容,然后单击【添加】按钮,此时,在【自定义序列】列表框中显示了刚添加的【男,女】序列,单击【确定】按钮,完成自定义序列操作,如图 6-8 所示。

图 6-7 【排序】对话框

图 6-8 【自定义序列】对话框

STEP 04 返回【排序】对话框,此时【次序】下拉列表内已经显示【男,女】选项,单击【确定】按钮即可,如图 6-9 所示。

STEP 05 最后在该工作表中数据的排列顺序为先是男生,然后是女生。工作表数据的排序结果如图 6-10 所示。

图 6-9 选择排序次序

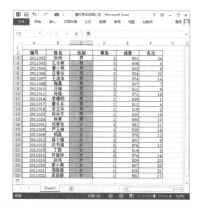

图 6-10 排序结果

6.2 数据的筛选

数据筛选功能是一种用于查找特定数据的快速方法。经过筛选后的数据只显示包含指定条件的数据行,以供用户浏览和分析。

6.2.1　快速筛选

使用 Excel 2013 提供的自动筛选功能，可以快速筛选表格中的数据。自动筛选为用户提供了从具有大量记录的数据清单中快速查找符合某种条件的记录的功能。筛选数据时，字段名称将变成一个下拉列表框的框名。

【例 6-4】 在《模拟考试成绩汇总》工作簿中自动筛选出成绩最高的 3 条记录。　**视频+素材**

STEP 01 启动 Excel 2013，打开《模拟考试成绩汇总》工作簿的【Sheet1】工作表。

STEP 02 选择【数据】选项卡，在【排序和筛选】组中单击【筛选】按钮。此时，Excel 电子表格将进入筛选模式，列标题单元格中添加了用于设置筛选条件的菜单，单击【成绩】单元格旁边的倒三角按钮，在弹出的菜单中选择【数字筛选】|【前 10 项】命令，如图 6-11 所示。

STEP 03 打开【自动筛选前 10 个】对话框，在【最大】下拉列表框右侧的微调框中输入"3"，然后单击【确定】按钮，如图 6-12 所示。

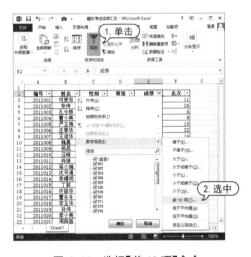

图 6-11　选择【前 10 项】命令

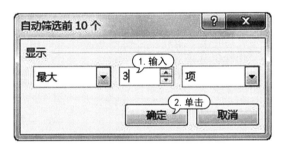

图 6-12　【自动筛选前 10 个】对话框

STEP 04 返回工作簿窗口，即可显示筛选出的模拟考试成绩最高的 3 条记录，即分数最高的 3 个学生的信息，如图 6-13 所示。

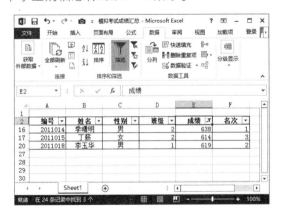

图 6-13　显示筛选的记录

> **实用技巧**
> 对于筛选出满足条件的记录，可以继续使用排序功能对其进行排序。

6.2.2　高级筛选

　　对筛选条件较多的情况,可以使用高级筛选功能来处理。要使用高级筛选功能,必须先建立一个条件区域,用来指定筛选的数据所需满足的条件。

【例 6-5】 在《模拟考试成绩汇总》工作簿中,使用高级筛选功能筛选出成绩大于 600 分的 2 班学生的记录。 **视频+素材**

STEP 01 启动 Excel 2013,打开《模拟考试成绩汇总》工作簿的【Sheet1】工作表。

STEP 02 在 A28:B29 单元格区域中输入筛选条件,要求【班级】等于【2】,【成绩】【>600】,如图 6-14 所示。

STEP 03 在工作表中选择 A2:F26 单元格区域,然后打开【数据】选项卡,在【排序和筛选】组中单击【高级】按钮 ,如图 6-15 所示。

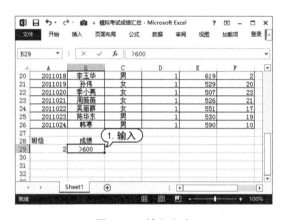

图 6-14　输入文本　　　　　　　　　　图 6-15　单击【高级】按钮

STEP 04 打开【高级筛选】对话框,单击【条件区域】文本框后面的 按钮,如图 6-16 所示。

STEP 05 返回工作簿窗口,选择输入筛选条件的 A28:B29 单元格区域,单击 按钮返回【高级筛选】对话框,如图 6-17 所示。

图 6-16　【高级筛选】对话框　　　　　图 6-17　选择单元格区域

STEP 06 在该对话框中查看和设置选定的列表区域与条件区域,单击【确定】按钮,如图 6-18 所示。

STEP 07 返回工作簿窗口,筛选出成绩大于 600 分的 2 班学生的记录,如图 6-19 所示。

图 6-18　单击【确定】按钮

图 6-19　显示筛选记录

![] 6.2.3　模糊筛选

有时筛选数据的条件可能不够精确，只知道其中某一个字或内容。此时用户可以用通配符来模糊筛选表格内的数据。

Excel 的通配符为 * 和?，* 代表 0 到任意多个连续字符，? 代表仅且一个字符。通配符只能用于文本型数据，对数值和日期型数据无效。

【例 6-6】 在《模拟考试成绩汇总》工作簿中，筛选出姓曹且是 3 个字的名字的记录。视频+素材

STEP 01 启动 Excel 2013，打开《模拟考试成绩汇总》工作簿的【Sheet1】工作表。

STEP 02 选中任意一个单元格，单击【数据】选项卡中的【筛选】按钮，使表格进入筛选模式，如图 6-20 所示。

STEP 03 单击 B2 单元格里的下拉按钮，在弹出的菜单中选择【文本筛选】|【自定义筛选】命令，如图 6-21 所示。

图 6-20　单击【筛选】按钮

图 6-21　选择【自定义筛选】命令

STEP 04 打开【自定义自动筛选方式】对话框，选择条件类型为【等于】，并在其后的文本框内输入"曹??"，然后单击【确定】按钮，如图 6-22 所示。

STEP 05 此时，筛选出姓曹且是 3 个字的名字的记录，如图 6-23 所示。

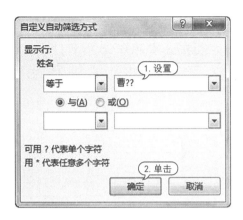

图 6-22 【自定义自动筛选方式】对话框

图 6-23 显示筛选记录

6.3 数据的分类汇总

分类汇总数据,即在按某一条件对数据进行分类的同时,对同一类别中的数据进行统计运算。分类汇总被广泛应用于财务、统计等领域。用户要灵活运用分类汇总,应掌握创建、隐藏、显示以及删除它的方法。

6.3.1 创建分类汇总

Excel 2013 可以在数据清单中自动计算分类汇总值及总计值。用户只需指定需要进行分类汇总的数据项、待汇总的数值和用于计算的函数(例如,求和函数)即可。如果使用自动分类汇总,工作表必须组织成具有列标志的数据清单。在创建分类汇总之前,用户必须先根据需要进行分类汇总的数据列对数据清单排序。

【例 6-7】 在《模拟考试成绩汇总》工作簿中,将表中的数据按班级排序后分类并汇总各班级的平均成绩。视频+素材

STEP 01 启动 Excel 2013,打开《模拟考试成绩汇总》工作簿的【Sheet1】工作表。

STEP 02 选定【班级】列,选择【数据】选项卡,在【排序和筛选】组中单击【升序】按钮。打开【排序提醒】对话框,保持默认设置,单击【排序】按钮,对工作表按班级升序进行分类排序,如图 6-24 所示。

图 6-24 单击【排序】按钮

☞实用技巧

在分类汇总前,建议用户首先对数据进行排序操作,使得分类字段的同类数据排列在一起,否则在执行分类汇总操作后,Excel 只会对连续相同的数据进行汇总。

STEP 03 选定任意一个单元格,选择【数据】选项卡,在【分级显示】组中单击【分类汇总】按钮,打开【分类汇总】对话框,在【分类字段】下拉列表中选择【班级】选项;在【汇总方式】下拉列表中

选择【平均值】选项;在【选定汇总项】列表框中选中【成绩】复选框;分别选中【替换当前分类汇总】与【汇总结果显示在数据下方】复选框,最后单击【确定】按钮,如图 6-25 所示。

STEP 04 返回工作簿窗口,此时表中的数据按班级分类并汇总各班级的平均成绩,如图 6-26 所示。

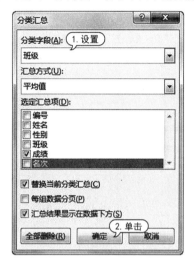

图 6-25 【分类汇总】对话框

图 6-26 分类汇总数据

6.3.2 多重分类汇总

在 Excel 2013 中,有时需要同时按照多个分类项来对表格数据进行汇总,此时的多重分类汇总需要遵循以下 3 个原则:

▽ 先按分类项的优先级顺序对表格中相关字段排序。

▽ 按分类项的优先级顺序多次执行【分类汇总】命令,并设置详细参数。

▽ 从第二次执行【分类汇总】命令开始,需要取消选中【分类汇总】对话框中的【替换当前分类汇总】复选框。

【例 6-8】 在《模拟考试成绩汇总》工作簿中,对每个班级的男女学生成绩进行汇总。 视频+素材

STEP 01 启动 Excel 2013,打开《模拟考试成绩汇总》工作簿的【Sheet1】工作表。

STEP 02 选中任意一个单元格,在【数据】选项卡内单击【排序】按钮,在弹出的【排序】对话框中选中【主要关键字】为【班级】,然后单击【添加条件】按钮,如图 6-27 所示。

STEP 03 在【次要关键字】下拉列表里选择【性别】选项,然后单击【确定】按钮,完成排序,如图 6-28 所示。

图 6-27 设置主要关键字

图 6-28 设置次要关键字

STEP 04 单击【数据】选项卡的【分级显示】组中的【分类汇总】按钮,打开【分类汇总】对话框,选择【分类字段】为【班级】,【汇总方式】为【求和】,选中【选定汇总项】列表框中的【成绩】复选框,然后单击【确定】按钮,如图 6-29 所示。

STEP 05 此时完成第一次分类汇总,如图 6-30 所示。

图 6-29　【分类汇总】对话框

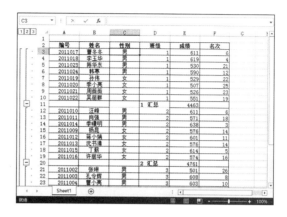

图 6-30　第一次分类汇总

STEP 06 再次单击【数据】选项卡的【分级显示】组中的【分类汇总】按钮,打开【分类汇总】对话框,选择【分类字段】为【性别】,汇总方式为【求和】,选中【选定汇总项】列表框中的【成绩】复选框,取消选中【替换当前分类汇总】复选框,然后单击【确定】按钮,如图 6-31 所示。

STEP 07 此时表格同时根据【班级】和【性别】两个分类字段进行了汇总,单击【分级显示控制】按钮中的【3】,即可得到各个班级的男女学生成绩汇总,如图 6-32 所示。

图 6-31　【分类汇总】对话框

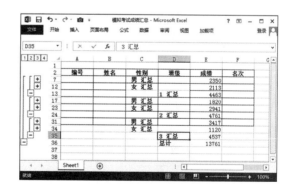

图 6-32　显示分类汇总结果

6.3.3　删除分类汇总

　　查看完分类汇总结果,当用户不再需要分类汇总表格中的数据时,可以删除分类汇总,使电子表格返回至原来的工作状态。

　　用户可以在【数据】选项卡的【分级显示】组中单击【分类汇总】按钮,打开【分类汇总】对话框,单击【全部删除】按钮,然后单击【确定】按钮,如图 6-33 所示,即可删除表格中的分类汇总,并返回工作簿中以显示原来的电子表格。

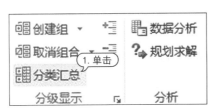

图 6-33　删除分类汇总

6.4　数据的有效性

数据有效性主要是用来限制单元格中所输入数据的类型和范围，以防用户输入无效的数据。此外还可以使用数据有效性定义帮助信息或圈释无效数据等。

6.4.1　设置数据有效性

要设置单元格或单元格区域的数据有效性，用户可以在选定单元格或单元格区域之后，单击【数据】选项卡里的【数据工具】组中的【数据验证】按钮，打开【数据验证】对话框，在该对话框中用户可以进行数据有效性的相关设置。

图 6-34　【数据验证】对话框

实用技巧

在【设置】选项卡里的【允许】下拉列表中内置了 8 种数据验证允许的条件选项，分别是【任何值】、【整数】、【小数】、【序列】、【日期】、【时间】、【文本长度】、【自定义】。

【例 6-9】 在《模拟考试成绩汇总》工作簿中添加【固定电话】列，并限制其数据为 7 位或 8 位的固定电话号码。 🎬视频+素材

STEP 01 启动 Excel 2013，打开《模拟考试成绩汇总》工作簿的【Sheet1】工作表。

STEP 02 在 G2 单元格输入"固定电话"，然后选定 G3：G26 单元格区域，在【数据】选项卡的【数据工具】组中单击【数据验证】按钮，如图 6-35 所示。

STEP 03 打开【数据验证】对话框，在【允许】下拉列表中选择【整数】，在【数据】下拉列表中选择

【介于】,在【最小值】文本框中输入"1000000",在【最大值】文本框中输入"99999999",然后单击【确定】按钮,如图 6-36 所示。

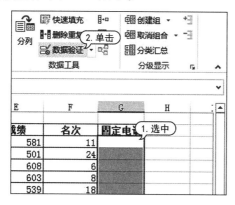

图 6-35　单击【数据验证】按钮

图 6-36　【数据验证】对话框

STEP 04 此时,在 G3:G26 单元格区域里输入整数数字,比如在 G3 单元格内输入"123456789",如图 6-37 所示。

STEP 05 由于该单元格被限制为输入 7 位到 8 位数的整数,所以会弹出提示框,表示输入值非法,无法输入该数值。这里单击【取消】按钮即可取消刚才输入的数值,如图 6-38 所示。

图 6-37　输入数字

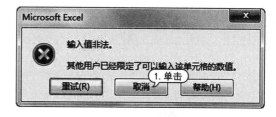

图 6-38　单击【取消】按钮

6.4.2　设置提示和警告

用户可以利用数据有效性为单元格区域设置输入信息提示,或者自定义警告内容。

【例 6-10】 在《模拟考试成绩汇总》工作簿中,为相关单元格设置提示和警告内容。

STEP 01 启动 Excel 2013,打开《模拟考试成绩汇总》工作簿的【Sheet1】工作表。

STEP 02 选定 G3:G26 单元格区域,在【数据】选项卡的【数据工具】组中单击【数据验证】按钮,如图 6-39 所示。

STEP 03 打开【数据验证】对话框,选择【输入信息】选项卡,在【标题】文本框中输入提示信息的标题"提示:",在【输入信息】文本框中输入提示信息的内容"请输入正确的电话号码!",然后单击【确定】按钮,如图 6-40 所示。

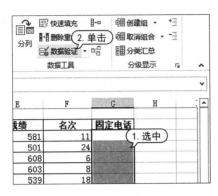

图 6-39　单击【数据验证】按钮　　　　　　　　图 6-40　【输入信息】选项卡

STEP 04 返回工作簿窗口，单击 G3 单元格，会出现设置的提示信息，如图 6-41 所示。

STEP 05 重新打开【数据验证】对话框，选择【出错警告】选项卡，在【样式】下拉列表中选择【停止】选项，在【标题】文本框中输入警告信息的标题，在【错误信息】文本框中输入警告信息的内容，然后单击【确定】按钮，如图 6-42 所示。

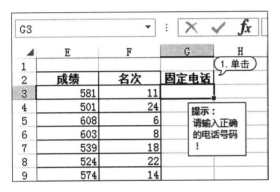

图 6-41　显示提示信息　　　　　　　　　　　图 6-42　【出错警告】选项卡

STEP 06 此时，在设置好的单元格内输入的数值不符合要求时，比如输入"12333"后按 Enter 键，将会弹出错误警告信息，如图 6-43 所示。

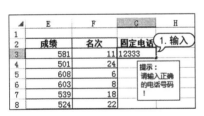

图 6-43　输入错误数据时的提示和警告信息

6.4.3　圈释无效数据

数据有效性还具有圈释无效数据的功能，可以方便查找出错误或不符合条件的数据。

【例 6-11】　在《模拟考试成绩汇总》工作簿中，圈出名次大于 20 的数据。 🎬视频+素材

STEP 01 启动 Excel 2013，打开《模拟考试成绩汇总》工作簿的【Sheet1】工作表。

STEP 02 选定 F3：F26 单元格区域，单击【数据】选项卡的【数据工具】组中的【数据验证】按钮，如图 6-44 所示。

STEP 03 打开【数据验证】对话框，选择【设置】选项卡，在【允许】下拉列表中选择【整数】选项，在【数值】下拉列表中选择【小于或等于】选项，在【最大值】文本框里输入"20"，然后单击【确定】按钮，如图 6-45 所示。

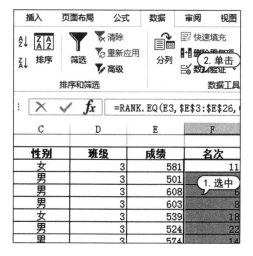

图 6-44　单击【数据验证】按钮

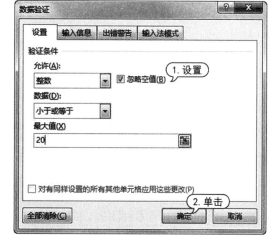

图 6-45　设置验证条件

STEP 04 返回工作表，在【数据】选项卡的【数据工具】组中单击【数据验证】下拉按钮，在其弹出的菜单中选择【圈释无效数据】命令，如图 6-46 所示。

STEP 05 此时，表格内凡是名次大于 20 的数据都会被红圈圈出，如图 6-47 所示。

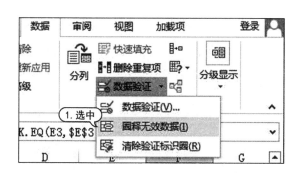

图 6-46　选择【圈释无效数据】命令

图 6-47　显示数据被红圈圈出

6.5　使用图表

　　为了能更加直观地表达表格中的数据，可将数据以图表的形式表示出来。使用 Excel 2013 提供的图表功能，可以更直观地表现表格中数据的发展趋势或分布状况，方便对数据进行对比和分析。

6.5.1 创建图表

图表的基本结构包括：图表区、绘图区、图表标题、数据系列、网格线、图例等，如图 6-48 所示。

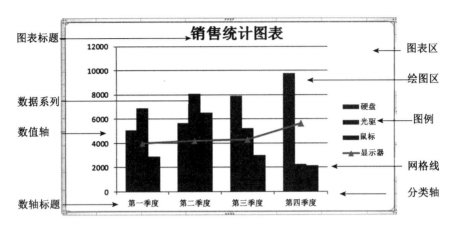

图 6-48　图表的基本结构

Excel 2013 提供了多种图表，如柱形图、折线图、饼图、条形图、面积图和散点图等，各种图表各有优点，适用于不同的场合。

在 Excel 2013 中，创建图表的方法有使用快捷键创建、使用功能区创建和使用图表向导创建 3 种方法。下面以使用图表向导创建图表举例说明。

【例 6-12】 在《成绩统计》工作簿中使用图表向导创建图表。 视频+素材

STEP 01 启动 Excel 2013，打开《成绩统计》工作簿，选中【Sheet1】工作表，选择【插入】选项卡，在【图表】组中单击对话框启动器按钮，如图 6-49 所示。

STEP 02 在打开的【插入图表】对话框的【推荐的图表】选项卡，中选择图表类型，单击【确定】按钮，如图 6-50 所示。

图 6-49　单击对话框启动器按钮

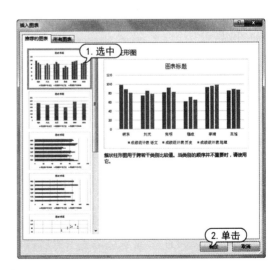

图 6-50　选择图表类型

STEP 03 此时,在工作表中创建了一个图表,如图 6-51 所示。

STEP 04 选中页面中插入的图表,按住鼠标左键并拖动图表,可以调整图表在 Excel 工作区中的位置。单击图表右侧的【图表筛选器】按钮▼,在打开的选项区域中可以选择图表中显示的数据项,完成设置后单击【应用】按钮即可,如图 6-52 所示。

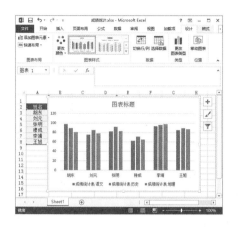

图 6-51　创建图表

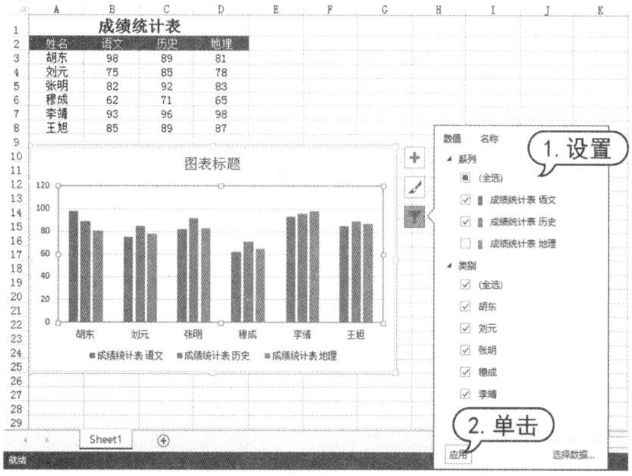

图 6-52　选择要显示的数据项

STEP 05 单击图表右侧的【图表元素】按钮+,在打开的选项区域中可以设置图表中显示的图表元素,如图 6-53 所示。

STEP 06 单击图表右侧的【图表样式】按钮,在打开的选项区域中可以修改图表的样式,如图 6-54 所示。

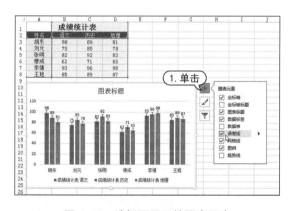

图 6-53　选择要显示的图表元素

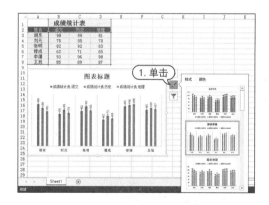

图 6-54　修改图表样式

6.5.2　编辑图表

图表创建完成后,Excel 2013 会自动打开【图表工具】的【设计】、【布局】和【格式】选项卡,在其中可以设置图表位置和大小、图表样式、图表布局等,用户可以为图表设置背景,对于一些三维立体图表还可以设置图表背景墙与基底背景。

【例 6-13】 在《成绩统计》工作簿中设置图表格式与基底背景。 视频+素材

STEP 01 启动 Excel 2013,打开《成绩统计》工作簿的【Sheet1】工作表。

STEP 02 选中工作表中的图表,打开【设计】选项卡,单击【更改图表类型】按钮,在打开的【更改图表类型】对话框的【所有图表】选项卡中选中【柱形图】选项,然后在对话框右侧的列表框中选择【三维簇状柱形图】选项并单击【确定】按钮,如图 6-55 所示。

STEP 03 此时,原先的柱形图将更改为三维簇状柱形图,如图 6-56 所示。

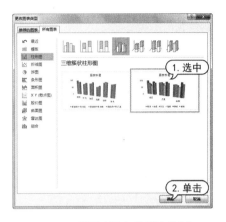

图 6-55 【更改图表类型】对话框

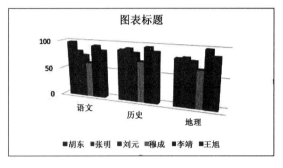

图 6-56 更改图表类型

STEP 04 选择【格式】选项卡,单击【形状样式】组中的【设置形状格式】按钮，在打开的【设置图表区格式】窗格中选中【渐变填充】单选按钮,如图 6-57 所示。

STEP 05 单击【预设渐变】下拉按钮,在弹出的列表框中选中【浅色渐变着色 3】选项,设置表格的背景颜色,如图 6-58 所示。

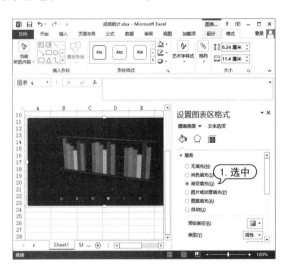

图 6-57 选中【渐变填充】单选按钮

图 6-58 选中【浅色渐变着色 3】选项

STEP 06 在【格式】选项卡中单击【当前所选内容】组中的【图表区】下拉按钮,在弹出的下拉列表中选中【基底】选项,如图 6-59 所示。

STEP 07 在打开的【设置基底格式】窗格中选中【纯色填充】单选按钮,然后单击按钮,在弹出的对话框中设置基底颜色,如图 6-60 所示。

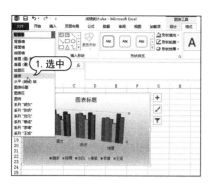

图 6-59 选中【基底】选项

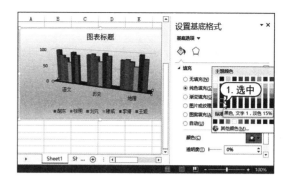

图 6-60 设置基底颜色

6.6 使用数据透视表

数据透视表是一种对大量数据快速汇总和建立交叉列表的交互式表格。要使用数据透视表,首先要学会其创建方法。

6.6.1 创建数据透视表

要创建数据透视表,必须连接一个数据来源并输入报表的位置。

【例 6-14】 在《模拟考试成绩汇总》工作簿中创建数据透视表。 视频+素材

STEP 01 启动 Excel 2013,打开《模拟考试成绩汇总》工作簿的【Sheet1】工作表,如图 6-61 所示。

STEP 02 选择【插入】选项卡,在【表格】组中单击【数据透视表】按钮,打开【创建数据透视表】对话框,在【请选择要分析的数据】选项区域中选中【选择一个表或区域】单选按钮,然后单击圈按钮,选定 A2:F26 单元格区域;在【选择放置数据透视表的位置】选项区域中选中【新工作表】单选按钮,单击【确定】按钮,如图 6-62 所示。

图 6-61 打开工作表

图 6-62 【创建数据透视表】对话框

STEP 03 此时,在工作簿中添加了一个新工作表,同时插入了数据透视表,并将新工作表命名

为"数据透视表",如图 6-63 所示。

STEP 04 在【数据透视表字段】窗格的【选择要添加到报表的字段】列表中分别选中【姓名】、【性别】、【班级】、【成绩】和【名次】字段前的复选框,此时可以看到各字段已经被添加到数据透视表中,如图 6-64 所示。

图 6-63 插入数据透视表　　　　　　　图 6-64 添加各字段

 ### 6.6.2　布局数据透视表

创建完数据透视表后,可以在数据透视表内进行布局,以满足用户的需求。

【例 6-15】 在《模拟考试成绩汇总》工作簿中布局数据透视表。●视频+素材

STEP 01 启动 Excel 2013,打开《模拟考试成绩汇总》的工作簿的【数据透视表】工作表。

STEP 02 在【数据透视表字段】窗格中的【值】列表框中单击【求和项:名次】下拉按钮,在弹出的菜单中选择【删除字段】命令,此时在数据透视表内删除了该字段,如图 6-65 所示。

STEP 03 在【值】列表框中单击【求和项:班级】下拉按钮,在弹出的菜单中选择【移动到报表筛选】命令,如图 6-66 所示。

　　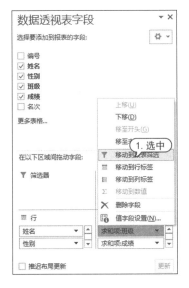

图 6-65 选择【删除字段】命令　　　图 6-66 选择【移动到报表筛选】命令

STEP 04 此时将该字段移动到了【筛选器】列表框中,如图 6-67 所示。

STEP 05 在【行】列表框中选择【性别】字段,按住鼠标左键将其拖动到【列】列表框中,释放鼠标即可移动该字段,如图 6-68 所示。

图 6-67　移动【班级】字段

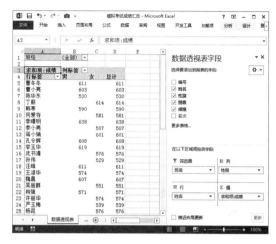

图 6-68　移动【性别】字段

STEP 06 在【选择要添加到报表的字段】列表中右击【编号】字段,在弹出的菜单中选择【添加到行标签】命令,如图 6-69 所示。

STEP 07 打开【数据透视表工具】的【设计】选项卡,在【布局】组中单击【报表布局】下拉按钮,在弹出的菜单中选择【以表格形式显示】命令,如图 6-70 所示。

图 6-69　选择【添加到行标签】命令

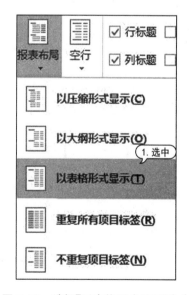

图 6-70　选择【以表格形式显示】命令

STEP 08 此时,数据透视报表将以表格的形式显示在工作表中,如图 6-71 所示。

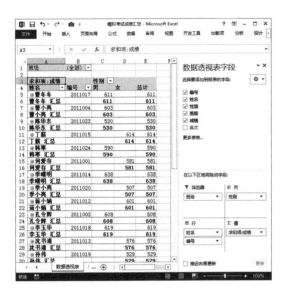

图 6-71　数据透视报表显示效果

实用技巧

　　创建数据透视表需要两个步骤来完成,分别是:第一步,选择数据源的范围;第二步,设计将要生成的数据透视表的布局。另外,用户还可以随时修改创建好的数据透视表的结构。

6.7　使用数据透视图

　　数据透视图可以看作数据透视表和图表的结合,它以图形的形式表示数据透视表中的数据。在 Excel 2013 中,可根据数据透视表快速创建数据透视图并对其进行设置。

6.7.1　创建数据透视图

　　在 Excel 2013 中,可以根据数据透视表快速创建数据透视图,从而更加直观地显示数据透视表中的数据,方便用户对其进行分析和管理。

【例 6-16】 在《模拟考试成绩汇总》工作簿中,根据数据透视表创建数据透视图。 视频+素材

STEP 01 启动 Excel 2013,打开《模拟考试成绩汇总》工作簿的【数据透视表】工作表。

STEP 02 选定 A5 单元格,打开【数据透视表工具】的【分析】选项卡,在【工具】组中单击【数据透视图】按钮,如图 6-72 所示。

STEP 03 打开【插入图表】对话框,在【所有图表】选项卡中选中【柱形图】选项,然后在对话框右侧的列表框中选择【三维簇状柱形图】选项并单击【确定】按钮,如图 6-73 所示。

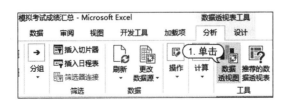

图 6-72　单击【数据透视图】按钮

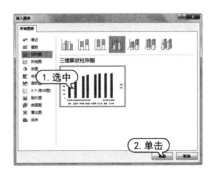

图 6-73　【插入图表】对话框

STEP 04 打开【数据透视图工具】的【设计】选项卡,在【位置】组中单击【移动图表】按钮,打开【移动图表】对话框。选中【新工作表】单选按钮,在其后的文本框中输入工作表的名称"数据透视图",然后单击【确定】按钮,如图 6-74 所示。

STEP 05 此时在工作簿中添加了一个新工作表【数据透视图】,同时该数据透视图将被插入到该工作表中,如图 6-75 所示。

图 6-74　【移动图表】对话框

图 6-75　插入数据透视图

6.7.2　设计数据透视图

与设计图表的操作类似,可以为数据透视图设置样式、图表标题、背景墙和基底色等。

【例 6-17】 在《模拟考试成绩汇总》工作簿中,设计数据透视图的格式和外观。视频+素材

STEP 01 启动 Excel 2013,打开《模拟考试成绩汇总》工作簿的【数据透视图】工作表。

STEP 02 打开【数据透视图工具】的【设计】选项卡,在【图表布局】组中单击【快速布局】按钮,在弹出的列表框中选择【布局 9】样式,为数据透视图应用该样式,如图 6-76 所示。

STEP 03 修改图表标题、纵坐标标题和横坐标标题文本,如图 6-77 所示。

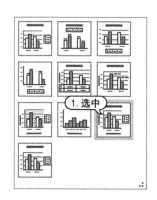

图 6-76　选择布局样式

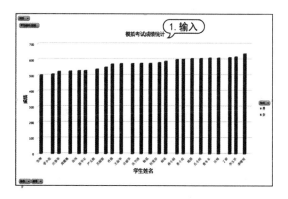

图 6-77　修改标题文本

STEP 04 选中图表标题,打开【数据透视图工具】的【格式】选项卡,在【艺术字样式】组中单击【快速样式】按钮,在弹出的列表框中选择一种样式,为标题应用该艺术字样式,如图 6-78 所示。

STEP 05 使用同样的方法设置横坐标标题和纵坐标标题的艺术字样式,如图 6-79 所示。

图 6-78　选中艺术字样式

图 6-79　设置艺术字样式

STEP 06 双击图表区中的背景墙,打开【设置背景墙格式】窗格,在【填充】选项区域里选中【图片或纹理填充】单选按钮,然后单击【文件】按钮,如图 6-80 所示。

STEP 07 打开【插入图片】对话框,选择需要的图片,然后单击【插入】按钮将图片插入到背景墙,如图 6-81 所示。

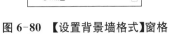

图 6-80　【设置背景墙格式】窗格

图 6-81　【插入图片】对话框

STEP 08 单击图表基底,显示【设置基底格式】窗格,设置【填充】为【纯色填充】以及填充的颜色,如图 6-82 所示。

STEP 09 此时背景墙和基底设置完毕,效果如图 6-83 所示。

图 6-82　【设置基底格式】窗格

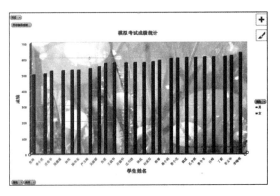

图 6-83　背景墙和基底的显示效果

STEP 10 单击图表区,显示【设置图表区格式】窗格,设置【填充】为【纯色填充】以及填充的颜色,如图 6-84 所示。

STEP 11 最后数据透视图设计完毕,效果如图 6-85 所示。

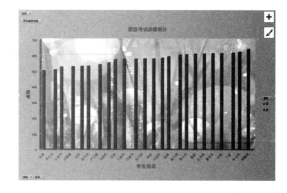

图 6-84　【设置图表区格式】窗格　　　　　图 6-85　数据透视图显示效果

6.7.3　分析数据透视图

数据透视图是一个动态的图表,它通过数据透视表字段列表和字段按钮来分析和筛选项目。

【例 6-18】 在《模拟考试成绩汇总》工作簿中,使用数据透视图分析和筛选项目。（视频+素材）

STEP 01 启动 Excel 2013,打开《模拟考试成绩汇总》工作簿的【数据透视图】工作表。

STEP 02 打开【数据透视图工具】的【分析】选项卡,在【显示/隐藏】组中分别单击【字段列表】和【字段按钮】按钮,显示【数据透视图字段】窗格和字段按钮,如图 6-86 所示。

STEP 03 单击【班级】字段右侧的下拉按钮,在弹出的菜单中选择【1】选项,然后单击【确定】按钮,即可在数据透视图中显示 1 班学生的相关项目,如图 6-87 所示。

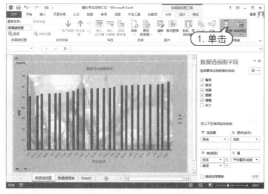

图 6-86　单击【字段列表】和【字段按钮】按钮　　　图 6-87　选择【1】选项

STEP 04 在【数据透视图字段】窗格的【选择要添加到报表的字段】列表框中单击【性别】字段右侧的下拉按钮,在弹出的菜单中取消选中【女】复选框,然后单击【确定】按钮,如图 6-88 所示。

STEP 05 此时,在数据透视图中筛选出 1 班所有男同学的相关项目,如图 6-89 所示。

轻松学 电脑教程系列

图 6-88　取消选中【女】复选框

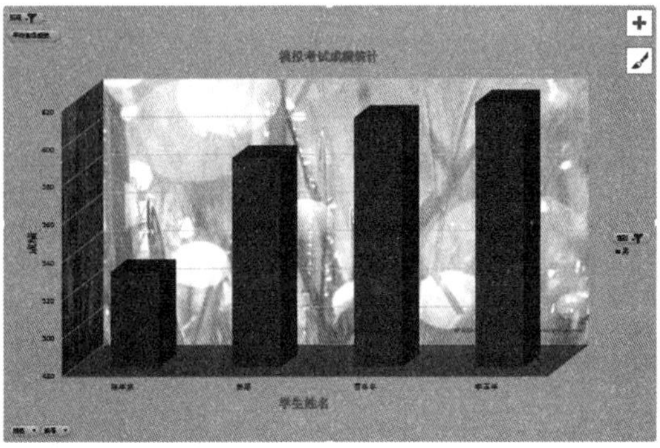

图 6-89　筛选项目

STEP 06 打开【数据透视图工具】的【分析】选项卡,在【操作】组中单击【清除】下拉按钮,在弹出的菜单中选择【清除筛选】命令,即可显示所有的项目,如图 6-90 所示。

STEP 07 单击【编号】字段右侧的下拉按钮,在弹出的菜单中选择【值筛选】|【大于】命令,如图 6-91 所示。

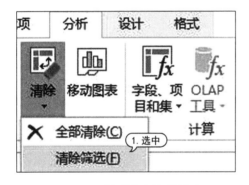

图 6-90　选择【清除筛选】命令

图 6-91　选择【值筛选】|【大于】命令

STEP 08 打开【值筛选(编号)】对话框,在【大于】文本框中输入"600",然后单击【确定】按钮,如图 6-92 所示。

STEP 09 返回数据透视图中,查看成绩大于 600 分的项目,效果如图 6-93 所示。

图 6-92　【值筛选(编号)】对话框

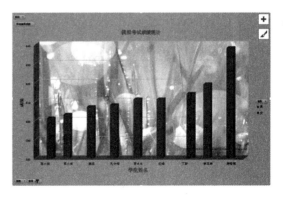

图 6-93　查看筛选项目

6.8 案例演练

本章的案例演练通过制作并分析数据工作簿这个实例操作,使用户通过练习可以巩固本章所学知识。

【例6-19】 创建《第一季度销售统计》工作簿,使用各种工具进行数据分析。 🎬视频+素材

STEP 01 启动 Excel 2013,创建《第一季度销售统计》工作簿,在其中创建【一月】、【二月】、【三月】与【合计】4个工作表,并在各工作表内输入表格数据,设置其格式,如图6-94所示。

STEP 02 打开【合计】工作表,选定 D4:D11 单元格区域,在【数据】选项卡的【数据工具】组中单击【合并计算】按钮,如图6-95所示。

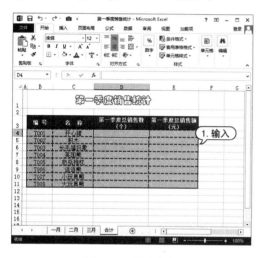

图 6-94 输入数据

图 6-95 单击【合并计算】按钮

STEP 03 打开【合并计算】对话框,在【函数】下拉列表中选择【求和】选项,单击【引用位置】文本框右侧的圖按钮,如图6-96所示。

STEP 04 选定【一月】工作表的 E4:F11 单元格区域,单击圖按钮,如图6-97所示。

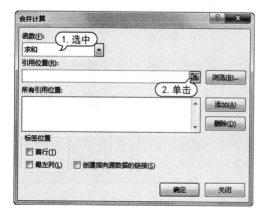

图 6-96 【合并计算】对话框

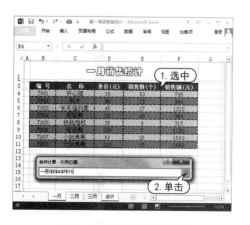

图 6-97 选择单元格区域

STEP 05 返回【合并计算】对话框，单击【添加】按钮，即可添加合并计算的引用位置，如图 6-98 所示。

STEP 06 使用同样的方法，将【二月】工作表的 E4：F11 单元格区域与【三月】工作表的 E4：F11 单元格区域添加为引用位置。在【合并计算】对话框中添加完所有引用位置后，单击【确定】按钮，如图 6-99 所示。

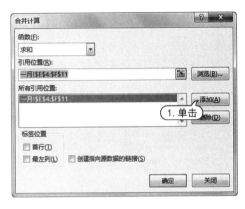
图 6-98　单击【添加】按钮

图 6-99　添加引用位置

STEP 07 此时在【合计】工作表中统计了第一季度所有商品的总销售数和总销售额，如图 6-100 所示。

STEP 08 在【合计】工作表中排序第一季度各商品的总销售额，帮助用户查看销售情况。在【数据】选项卡的【排序和筛选】组中单击【排序】按钮，打开【排序】对话框，在【主要关键字】下拉列表中选择【第一季度总销售数】选项，在【排序依据】下拉列表中选择【数值】选项，在【次序】下拉列表中选择【降序】选项，单击【添加条件】按钮，添加次要条件，如图 6-101 所示。

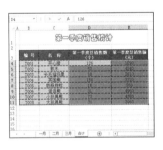
图 6-100　统计总销售数和总销售额

图 6-101　设置主要关键字

STEP 09 在【次要关键字】下拉列表中选择【第一季度总销售额】选项，在【排序依据】下拉列表中选择【数值】选项，在【次序】下拉列表中选择【升序】选项，然后单击【确定】按钮完成排序，如图 6-102 所示。

STEP 10 下面筛选出下个季度不再进货的商品，筛选条件为该商品第一季度总销售额低于 2000 并且总销售数小于 20。在【合计】工作表的 D13：E14 单元格区域中输入筛选条件，在 B16 单元格中输入筛选后的表格标题，设置统一的表格样式和标题格式，如图 6-103 所示。

图 6-102 设置次要关键字并完成排序

STEP 11 选定 B3:E11 单元格区域,在【数据】选项卡的【排序和筛选】组中单击【高级】按钮,打开【高级筛选】对话框,在【方式】选项区域中选中【将筛选结果复制到其他位置】单选按钮,单击【条件区域】文本框右侧的圖按钮,如图 6-104 所示。

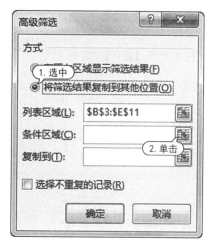

图 6-103 输入筛选条件 　　　　　图 6-104 【高级筛选】对话框

STEP 12 在【合计】工作表中选定筛选条件所在的 D13:E14 单元格区域,单击圖按钮,如图 6-105 所示。

STEP 13 返回【高级筛选】对话框,单击【复制到】文本框右侧的圖按钮。在【合计】工作表中选定 B18 单元格,然后单击圖按钮,如图 6-106 所示。

图 6-105 选定单元格区域 　　　　　图 6-106 选定单元格

STEP 14 返回【高级筛选】对话框，查看筛选设置，然后单击【确定】按钮，如图 6-107 所示。

STEP 15 返回【合计】工作表，根据条件筛选出下个季度要停止进货的商品记录，如图 6-108 所示。

图 6-107 【属性】选项卡

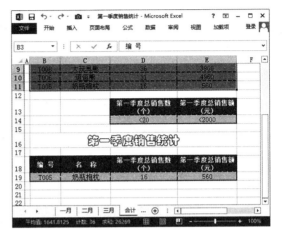

图 6-108 筛选结果

第7章

使用公式和函数

在 Excel 2013 中，绝大多数的数据运算、统计、分析都需要使用公式与函数来得出相应的结果。本章主要介绍公式与函数的操作内容和使用技巧。

对应的光盘视频

7.1 使用公式

在 Excel 中用户可以运用公式对表格中的数值进行各种运算，让工作变得更加轻松、省心。在灵活使用公式之前，首先要认识公式并掌握输入公式与编辑公式的方法。

7.1.1 认识公式

在 Excel 中，公式是对工作表中的数据进行计算和操作的等式。

在输入公式之前，用户应了解公式的组成和意义。公式的特定语法或次序为最前面是等号"＝"，然后是公式的表达式，公式中包含运算符、常量数值或任意字符串、函数及其参数和单元格引用等元素，如图 7-1 所示。

图 7-1 公式组成

公式主要由以下元素构成。

▽ 运算符：运算符用于对公式中的元素进行特定的运算，或者用来连接需要运算的数据对象，并说明进行了哪种公式运算，如加号"＋"、减号"－"、乘号"＊"、除号"/"等。

▽ 常量数值：常量数值用于公式中输入的值、文本。

▽ 单元格引用：利用公式引用功能对所需的单元格中的数据进行引用。

▽ 函数：Excel 提供的函数或参数可返回相应的函数值。

7.1.2 运算符类型和优先级

运算符用于对公式中的元素进行特定类型的运算。Excel 2013 中包含算术运算符、比较运算符、文本链接运算符与引用运算符 4 种类型。运用多个运算符时还必须注意运算符的优先级。

1. 算术运算符

要完成基本的数学运算，如加法、减法和乘法，连接数据和计算数据结果等，可以使用如表 7-1 所示的算术运算符。

表 7-1 算术运算符

算术运算符	含义	算术运算符	含义
＋(加号)	加法运算	/(正斜线)	除法运算
－(减号)	减法运算或负数	％(百分号)	百分比
＊(乘号)	乘法运算	ˆ(插入符号)	乘幂运算

2. 比较运算符

比较运算符可以比较两个值的大小。当用运算符比较两个值时，结果为逻辑值，比较成立为 TRUE，反之为 FALSE，如表 7-2 所示。

表 7-2 比较运算符

比较运算符	含义	比较运算符	含义
＝(等号)	等于	＞＝(大于等于号)	大于或等于
＞(大于号)	大于	＜＝(小于等于号)	小于或等于
＜(小于号)	小于	＜＞(不等号)	不相等

3. 文本连接运算符

使用和号(&)可加入或连接一个或多个文本字符串以产生一个新的文本字符串。

4. 引用运算符

单元格引用是用于表示单元格在工作表中所处位置的坐标集。使用如表 7－3 所示的引用运算符,可以将单元格区域合并计算。

表 7-3 引用运算符

引用运算符	含 义
:(冒号)	区域运算符,产生对包括在两个引用之间的所有单元格的引用
,(逗号)	联合运算符,将多个引用合并为一个引用
(空格)	交叉运算符,产生对两个引用共有的单元格的引用

5. 运算符优先级

如果公式中同时用到多个运算符,Excel 2013 将会依照运算符的优先级来依次完成运算。如果公式中包含相同优先级的运算符,例如公式中同时包含乘法和除法运算符,则 Excel 将按从左到右的顺序进行运算。表 7-4 所示的是 Excel 2013 中的运算符优先级,其中,运算符优先级从上到下依次降低。

表 7-4 运算符优先级

运算符	含 义	运算符	含 义
:(冒号) (单个空格) ,(逗号)	引用运算符	＊ 和 /	乘和除
－	负号	＋和－	加和减
％	百分比	&	连接两个文本字符串
^	乘幂	＝ ＜ ＞ ＜= ＞= ＜＞	比较运算符

 ## 7.1.3 输入公式

在 Excel 中输入公式与输入数据的方法相似,具体步骤为:选择要输入公式的单元格,然后在编辑栏中直接输入"＝"符号,再输入公式内容,按 Enter 键即可将公式运算的结果显示在所选单元格中。

【例 7-1】 创建《热卖数码销售汇总》工作簿并手动输入公式。 视频+素材

STEP 01 启动 Excel 2013,创建一个名为"热卖数码销售汇总"的工作簿并在【Sheet1】工作表中输入数据,如图 7-2 所示。

STEP 02 选定 D3 单元格,在单元格或编辑栏中输入公式"＝B3＊C3",如图 7-3 所示。

图 7-2 输入数据

图 7-3 输入公式

STEP 03 按 Enter 键或单击编辑栏中的【输入】按钮 ✔,即可在单元格中计算出结果,如图 7-4 所示。

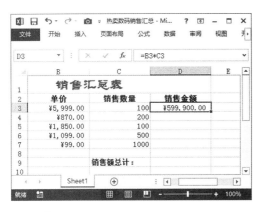

图 7-4 显示计算结果

实用技巧
在单元格中输入公式后,按 Tab 键可以在计算出公式结果的同时选中同行的下一个单元格;按下 Ctrl＋Enter 键则可以在计算出公式的结果后,保持当前单元格的选中状态。

7.1.4 编辑公式

在 Excel 中,用户有时需要对输入的公式进行编辑,主要包括修改公式、删除公式和复制公式等操作。

1. 修改公式

修改公式是最基本的编辑公式操作之一,用户可以在公式所在单元格或编辑栏中对公式进行修改。修改公式的方法主要有以下三种。

▽ 双击单元格修改:双击需要修改公式的单元格,选中出错的公式后,重新输入新公式,按 Enter 键即可完成修改操作。

▽ 在编辑栏修改:选定需要修改公式的单元格,此时在编辑栏中会显示公式,单击编辑栏,进入公式编辑状态后即可进行修改。

▽ 按 F2 键修改:选定需要修改公式的单元格,按 F2 键,进入公式编辑状态后即可进行修改。

2. 显示公式

默认设置下,在单元格中只显示公式计算的结果,而公式本身则只显示在编辑栏中。为了方便用户对公式进行检查,可以设置在单元格中显示公式。

用户可以在【公式】选项卡的【公式审核】组中单击【显示公式】按钮,即可设置在单元格中显示公式。如果再次单击【显示公式】按钮,即可将显示的公式隐藏,如图 7-5 所示。

3. 复制公式

复制公式的方法与复制数据的方法相似,右击公式所在的单元格,在弹出的快捷菜单中选择【复制】命令,然后在选定目标单元格后右击,在弹出的快捷菜单的【粘贴选项】选项区域中单击【粘贴】按钮,即可成功复制公式。要注意的是,【粘贴选项】选项区域中有多种类型的按钮,需要用户选择一种粘贴模式进行粘贴操作,如图 7-6 所示。

4. 删除公式

有些电子表格中需要使用公式,但在计算完成后又不希望其他用户查看计算公式的内容,此时可以删除电子表格中的数据并保留公式计算结果。

图 7-5　显示公式

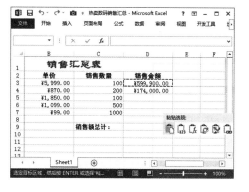

图 7-6　复制公式

此时可以先复制单元格内容,选择【开始】选项卡,在【剪贴板】组中单击【粘贴】下拉按钮,在弹出的菜单中选择【选择性粘贴】命令,在打开的【选择性粘贴】对话框的【粘贴】选项区域中选中【数值】单选按钮,然后单击【确定】按钮,如图 7-7 所示。返回工作簿窗口后,即可发现单元格中的公式已经被删除,但是公式计算结果仍然保存在单元格中。

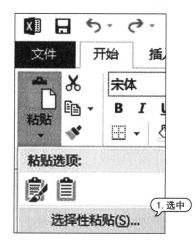

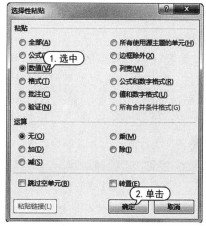

图 7-7　打开【选择性粘贴】对话框

7.1.5　引用公式

引用公式就是对工作表中的一个或一组单元格进行标识,它告诉公式使用哪些单元格的值。通过引用,可以在一个公式中使用工作表不同部分的数据,或者在几个公式中使用同一单元格的数据。在 Excel 2013 中,常用引用单元格的方式包括相对引用、绝对引用与混合引用。

1. 相对引用

相对引用是通过当前单元格与目标单元格的相对位置来定位引用单元格的。

相对引用包含了当前单元格与公式所在单元格的相对位置。默认设置下,Excel 2013 使用的都是相对引用,当改变公式所在单元格的位置,引用也随之改变。

【例 7-2】 创建《统计表》工作簿,通过相对引用将工作表 F2 单元格中的公式复制到 F3:F7 单元格区域中。 ◎视频+素材

STEP 01 启动 Excel 2013,创建《统计表》工作簿,在【Sheet1】工作表中输入数据。选中 F2 单元

格并输入公式"＝B2＋C2＋D2＋E2"，计算销售合计值，将鼠标光标移至 F2 单元格右下角，当鼠标指针呈十字状态后，按住鼠标左键并拖动选定 F3:F7 单元格区域，如图 7-8 所示。

STEP 02 释放鼠标，即可将 F2 单元格中的公式复制到 F3:F7 单元格区域中，如图 7-9 所示。

图 7-8　拖动鼠标复制公式　　　　　图 7-9　相对引用结果

2. 绝对引用

绝对引用就是公式中单元格的精确地址，与包含公式的单元格的位置无关。绝对引用与相对引用的区别在于：复制公式时使用绝对引用，则单元格引用不会发生变化。绝对引用的方法是在列标和行号前分别加上美元符号"＄"。例如，＄B＄2 表示单元格 B2 的绝对引用，而 ＄B＄2:＄E＄5 表示单元格区域 B2:E5 的绝对引用。

【例 7-3】　在《统计表》工作簿中绝对引用公式。🎬视频＋素材

STEP 01 启动 Excel 2013，打开《统计表》工作簿的【Sheet1】工作表。选中 F2 单元格并输入绝对引用公式"＝＄B＄2＋＄C＄2＋＄D＄2＋＄E＄2"，计算销售合计值，如图 7-10 所示。

STEP 02 将鼠标光标移至单元格 F2 右下角，当鼠标指针呈十字状态后，按住鼠标左键并拖动选定 F3:F7 单元格区域。释放鼠标，将会发现在 F3:F7 单元格区域中显示的引用结果与 F2 单元格中的结果相同，如图 7-11 所示。

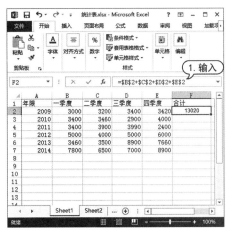

图 7-10　输入公式　　　　　　　　图 7-11　绝对引用结果

3. 混合引用

混合引用指的是在一个单元格引用中，既有绝对引用，同时也有相对引用，即混合引用具有绝对列和相对行，或具有绝对行和相对列。绝对引用列采用如 $A1、$B1 这样的形式，绝对引用行采用如 A$1、B$1 这样的形式。如果公式所在单元格的位置改变，则相对引用改变，而绝对引用不变。如果多行或多列地复制公式，则相对引用自动调整，而绝对引用不作调整。

【例 7-4】 在《统计表》工作簿中将 F2 单元格中的公式混合引用到 F3:F7 单元格区域中。 视频+素材

STEP 01 启动 Excel 2013，打开《统计表》工作簿的【Sheet1】工作表。选中 F2 单元格并输入混合引用公式“= $B2 + $C2 + D$2 + E$2”，按下 Enter 键后即可得到销售合计值，如图 7-12 所示。

STEP 02 将鼠标光标移至单元格 F2 右下角，当鼠标指针呈十字状态后，按住鼠标左键并拖动选定 F3:F7 单元格区域。释放鼠标，混合引用填充公式，此时相对引用地址改变，而绝对引用地址不变。例如，将 F2 单元格中的公式填充到 F3 单元格中，公式将调整为“= $B3 + $C3 + D$2 + E$2”，如图 7-13 所示。

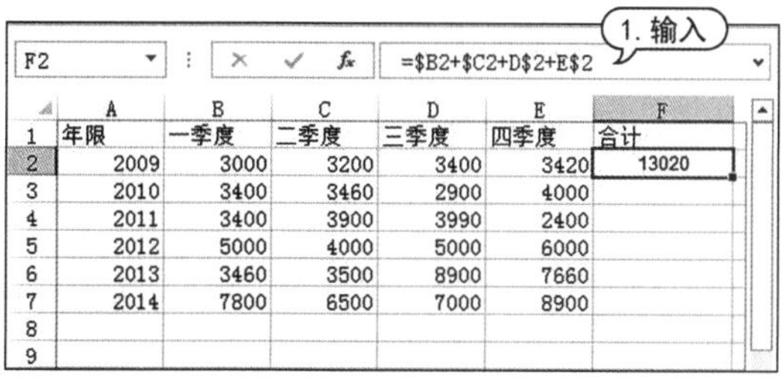

	A	B	C	D	E	F
1	年限	一季度	二季度	三季度	四季度	合计
2	2009	3000	3200	3400	3420	13020
3	2010	3400	3460	2900	4000	
4	2011	3400	3900	3990	2400	
5	2012	5000	4000	5000	6000	
6	2013	3460	3500	8900	7660	
7	2014	7800	6500	7000	8900	
8						
9						

图 7-12　输入公式

	A	B	C	D	E	F
1	年限	一季度	二季度	三季度	四季度	合计
2	2009	3000	3200	3400	3420	13020
3	2010	3400	3460	2900	4000	13680
4	2011	3400	3900	3990	2400	14120
5	2012	5000	4000	5000	6000	15820
6	2013	3460	3500	8900	7660	13780
7	2014	7800	6500	7000	8900	21120
8						
9						
10						

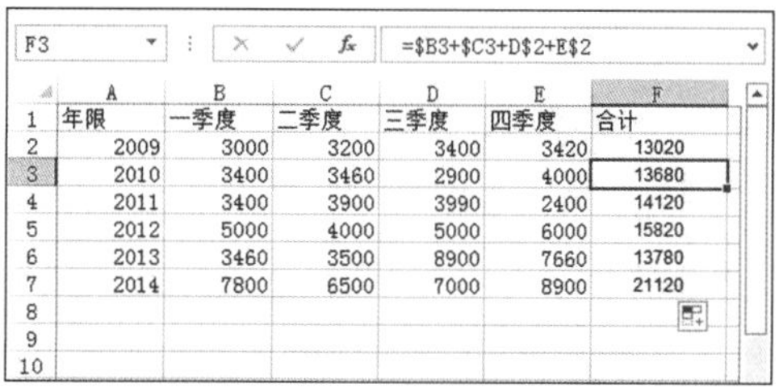

图 7-13　混合引用结果

7.2 使用函数

Excel 2013 将具有特定功能的一组公式组合在一起形成函数。使用函数可以大大简化公式的输入过程。

7.2.1 认识函数

函数是 Excel 中预定义的一些公式，它将一些特定的计算过程通过程序固定下来，使用一些称为参数的特定数值按特定的顺序或结构进行计算，将其命名后可供用户调用。

Excel 提供了大量的内置函数，这些函数可以有一个或多个参数并能够返回一个计算结果，函数中的参数可以是数字、文本、逻辑值、表达式、引用或其他函数。函数的组成如图 7-14 所示。

图 7-14　函数组成

函数由如下元素构成。

- 连接符：包括“=”、“,”、“()”等，这些连接符都必须是英文符号。
- 函数名：是需要执行运算的函数的名称，一个函数只有唯一的一个名称，它决定了函数的功

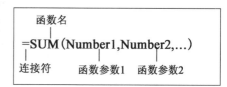

能和用途。

▽ 函数参数:是函数中最复杂的组成部分,它规定了函数的运算对象、顺序和结构等。函数参数可以是数字、文本、数组或单元格区域的引用等,函数参数必须符合相应的函数要求才能产生有效值。

7.2.2 插入函数

在 Excel 2013 中,用户可以使用其提供的内置函数。输入函数有两种较为常用的方法,一种是通过【插入函数】对话框插入,另一种是直接手动输入。

【例7-5】 打开《热卖数码销售汇总》工作簿,在工作表的 D9 单元格中插入求和函数,计算销售总额。 视频+素材

STEP 01 启动 Excel 2013,打开《热卖数码销售汇总》工作簿的【Sheet1】工作表。

STEP 02 选定 D9 单元格,然后打开【公式】选项卡,在【函数库】组中单击【插入函数】按钮,如图7-15 所示。

STEP 03 打开【插入函数】对话框,在【选择函数】列表框中选择【SUM】函数,单击【确定】按钮,如图 7-16 所示。

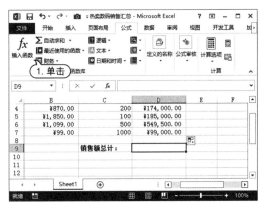

图 7-15 单击【插入函数】按钮

图 7-16 选择【SUM】函数

STEP 04 打开【函数参数】对话框,单击【Number1】文本框右侧的■按钮,如图 7-17 所示。

STEP 05 返回到工作表中,选定要求和的单元格区域,这里选择 D3:D7 单元格区域,然后单击■按钮,如图 7-18 所示。

图 7-17 【函数参数】对话框

图 7-18 选择单元格区域

STEP 06 返回【函数参数】对话框,单击【确定】按钮。此时,利用求和函数计算出 D3:D7 单元格中所有数据的和并显示在 D9 单元格中,如图 7-19 所示。

图 7-19 显示求和结果

7.2.3 常用的函数

Excel 2013 提供了多种函数给用户进行计算和应用,比如数学和三角函数、财务函数、文本和逻辑函数等。

1. 使用数学函数

为了便于用户掌握数学函数,下面将以 SUM 函数、INT 函数和 MOD 函数为例,介绍数学函数的应用方法。

【例 7-6】 创建《员工工资领取》工作簿,使用 SUM 函数、INT 函数和 MOD 函数计算总工资以及具体发放人民币情况。 视频+素材

STEP 01 启动 Excel 2013,新建一个名为"员工工资领取"的工作簿并在其中输入数据。选中 E5 单元格,打开【公式】选项卡,在【函数库】组中单击【自动求和】按钮,如图 7-20 所示。

STEP 02 插入 SUM 函数并自动添加函数参数,按 Ctrl + Enter 键,计算出员工李林的实发工资,如图 7-21 所示。

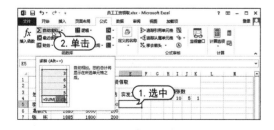

图 7-20 单击【自动求和】按钮　　图 7-21 计算结果

STEP 03 选中 E5 单元格,将鼠标光标移至 E5 单元格右下角,待鼠标指针呈十字状态后,按住鼠标左键向下拖动至 E12 单元格中,释放鼠标即可进行公式的复制,计算出其他员工的实发工资,如图7-22 所示。

STEP 04 选中 F5 单元格,在编辑栏中使用 INT 函数输入公式" = INT(E5/ $ F $ 4)",如图 7-23

所示。

图 7-22　复制公式

图 7-23　输入公式

STEP 05 按下 Ctrl＋Enter 组合键,即可计算出员工李林工资应发的 100 元面值人民币的张数,如图 7-24 所示。

STEP 06 接下来,使用相对引用的方法复制公式到 F6:F12 单元格区域,计算出其他员工工资应发的 100 元面值人民币的张数,如图 7-25 所示。

图 7-24　计算结果

图 7-25　复制公式

STEP 07 选中 G5 单元格,在编辑栏中使用 INT 函数和 MOD 函数输入公式 "＝INT(MOD(E5,＄F＄4)/＄G＄4)",如图 7-26 所示。

STEP 08 按 Ctrl＋Enter 组合键,即可计算出员工李林工资的剩余部分应发的 50 元面值人民币的张数。接下来,使用相对引用的方法复制公式到 G5:G11 单元格区域,计算出其他员工工资的剩余部分应发的 50 元面值人民币的张数,如图 7-27 所示。

STEP 09 选中 H5 单元格,在编辑栏中输入公式 "＝INT(MOD(MOD(E5,＄F＄4),＄G＄4)/＄H＄4)",按 Ctrl＋Enter 组合键,即可计算出员工李林工资的剩余部分应发的 20 元面值人民币的张数。接下来,使用相对引用的方法复制公式到 H5:H11 单元格区域,计算出其他员工工资的剩余部分应发的 20 元面值人民币的张数,如图 7-28 所示。

STEP 10 使用同样的方法计算出员工工资的剩余部分应发的 10 元、5 元和 1 元面值人民币的张数,如图 7-29 所示。

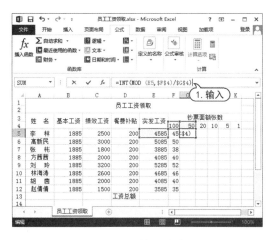

图 7-26　输入公式

图 7-27　复制公式

图 7-28　计算结果

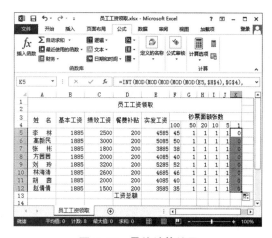

图 7-29　最终计算结果

2. 使用逻辑函数

为了便于用户掌握逻辑函数,下面将以 IF 函数、NOT 函数和 AND 函数为例,介绍逻辑函数的应用方法。

【例 7-7】 新建《成绩统计》工作簿,使用 IF 函数、NOT 函数和 AND 函数考评和筛选数据。 视频+素材

STEP 01 启动 Excel 2013,新建一个名为"成绩统计"的工作簿,然后将【Sheet1】工作表重命名为"考评和筛选"并在其中输入数据,如图 7-30 所示。

STEP 02 选中 F3 单元格,在编辑栏中输入" = IF (AND (C3 > = 80,D3 > = 80,E3 > 80)," 达标"," 没有达标")",如图 7-31 所示。

STEP 03 按 Ctrl + Enter 组合键,即可对胡东进行成绩考评,若满足考评条件,则考评结果为"达标",如图 7-32 所示。

STEP 04 将鼠标光标移至 F3 单元格右下角,当鼠标指针呈十字状态后,按住鼠标左键向下拖动至 F8 单元格,释放鼠标即可进行公式复制。填充公式后,如果有一门功课的成绩小于 80分,将返回运算结果"没有达标",如图 7-33 所示。

图 7-30　输入数据

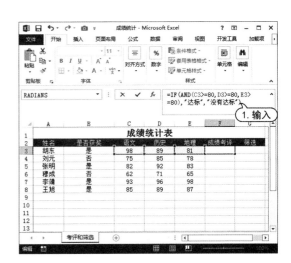

图 7-31　输入公式

图 7-32　得出结果

图 7-33　复制公式

STEP 05 选中 G3 单元格,在编辑栏中输入公式"＝NOT(B3＝"否")",按 Ctrl＋Enter 组合键,返回结果 TRUE,筛选竞赛得奖者与未得奖者,如图 7-34 所示。

STEP 06 使用相对引用方式复制公式到 G4:G8 单元格区域,如果是竞赛得奖者,则返回结果 TRUE;反之,则返回结果 FALSE,如图 7-35 所示。

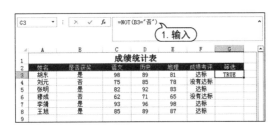

图 7-34　输入公式

图 7-35　计算结果

7.3 使用名称

名称是工作簿中某些项目或数据的标识符。在公式或函数中使用名称代替数据区域进行计算,可以使公式更为简洁,从而避免输入出错。

7.3.1 定义名称

为了方便处理 Excel 数据,可以将一些常用的单元格区域定义为特定的名称。

【例 7-8】 创建《成绩表》工作簿,定义单元格区域名称。 视频+素材

STEP 01 启动 Excel 2013,新建名为"成绩表"的工作簿,在【Sheet1】工作表中输入数据,如图 7-36 所示。

STEP 02 选定 E2:E14 单元格区域,打开【公式】选项卡,在【定义的名称】组中单击【定义名称】按钮,如图 7-37 所示。

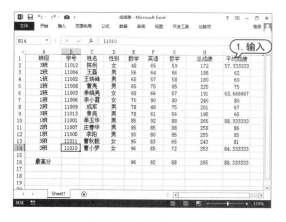

图 7-36 输入数据

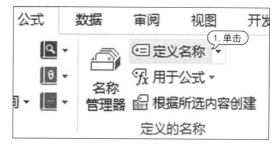

图 7-37 单击【定义名称】按钮

STEP 03 打开【新建名称】对话框,在【名称】文本框中输入单元格的新名称,在【引用位置】文本框中可以修改单元格区域,单击【确定】按钮,完成名称的定义,如图 7-38 所示。

STEP 04 此时,即可在编辑栏中显示单元格区域的名称,如图 7-39 所示。

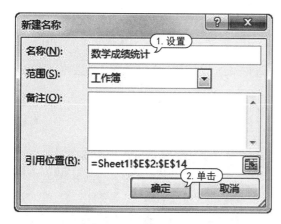

图 7-38 【新建名称】对话框

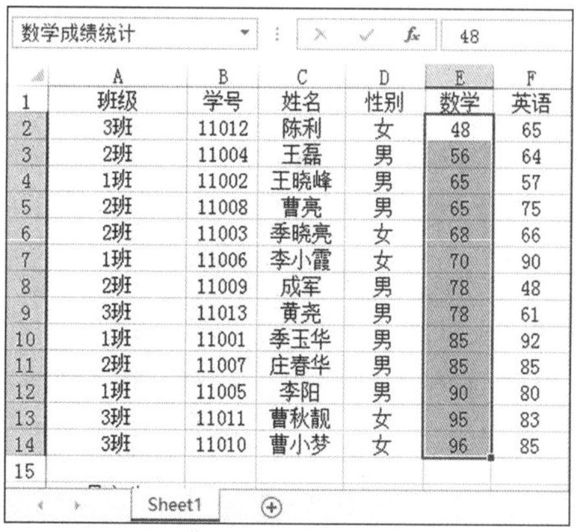

图 7-39 显示名称

STEP 05 选定 F2:F14 单元格区域并右击,然后在弹出的快捷菜单中选择【定义名称】命令。打开【新建名称】对话框,在【名称】文本框中输入单元格的新名称并单击【确定】按钮,即可定义单元格区域名称,如图 7-40 所示。

STEP 06 选定 G2:G14 单元格区域,打开【公式】选项卡,在【定义的名称】组中单击【名称管理

器】按钮。打开【名称管理器】对话框,单击【新建】按钮,如图 7-41 所示。

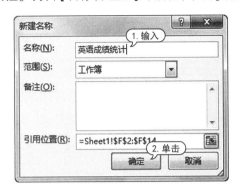

图 7-40　定义名称　　　　　　　　　图 7-41　【名称管理器】对话框

STEP 07 打开【新建名称】对话框,在【名称】文本框中输入单元格的新名称并单击【确定】按钮,如图 7-42 所示。

STEP 08 返回至【名称管理器】对话框,使用同样的方法将 E2:G14 单元格区域命名为"achievement",如图 7-43 所示。

图 7-42　定义名称　　　　　　　　　图 7-43　定义名称

STEP 09 返回至【名称管理器】对话框,单击【关闭】按钮,关闭【名称管理器】对话框,返回至工作表中,如图 7-44 所示。

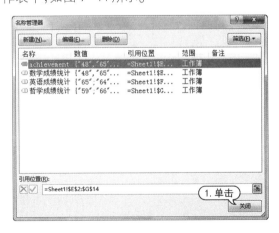

图 7-44　单击【关闭】按钮

实用技巧

定义单元格或单元格区域名称时要注意如下几点:名称的最大长度为 255 个字符,不区分大小写;名称必须以字母、中文或者下划线开始,名称的其余部分可以使用数字或符号,但不可以出现空格;定义的名称不能使用运算符和函数名。

7.3.2　编辑名称

用户可以根据需要使用名称管理器对名称进行重命名、更改单元格区域以及删除等操作。

1．重命名名称

要重命名名称，用户可以在【公式】选项卡的【定义的名称】组中单击【名称管理器】按钮，打开【名称管理器】对话框。选择需要重命名的名称，然后单击【编辑】按钮，如图 7-45 所示。打开【编辑名称】对话框，在【名称】文本框中输入新的名称，单击【确定】按钮即可完成重命名，如图 7-46 所示。

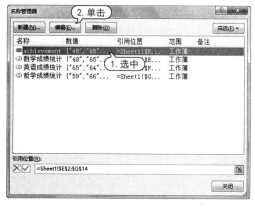

图 7-45　【名称管理器】对话框

图 7-46　【编辑名称】对话框

2．更改名称的单元格区域

若发现定义名称的单元格区域不正确，则需要使用名称管理器对其进行修改。

用户可以打开【名称管理器】对话框，选择要更改的名称，单击【引用位置】文本框右侧的 按钮，返回至工作表中，重新选取单元格区域，如图 7-47 所示。单击 按钮，返回【名称管理器】对话框，此时在【引用位置】文本框显示更改后的单元格区域，再单击 按钮，再单击【关闭】按钮关闭对话框，即可更改名称的单元格区域，如图 7-48 所示。

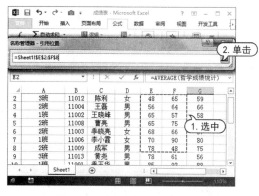

图 7-47　重新选取单元格区域

图 7-48　【名称管理器】对话框

3．删除名称

通常情况下，可以对多余的或未被使用过的名称进行删除。打开【名称管理器】对话框，选择要删除的名称，单击【删除】按钮，如图 7-49 所示。此时系统会自动打开对话框，提示用户是否确定要删除该名称,单击【确定】按钮即可,如图 7-50 所示。

图 7-49　删除名称

图 7-50　单击【确定】按钮

7.3.3　名称的使用

定义了单元格名称后,可以使用名称来代替单元格区域进行计算,以便于用户的输入。

【例 7-9】　在《成绩表》工作簿中使用定义后的名称。📹视频+素材

STEP 01　启动 Excel 2013,打开《成绩表》工作簿的【Sheet1】工作表。

STEP 02　选定 A15:D15 单元格区域,打开【开始】选项卡,在【对齐方式】组中单击【合并后居中】按钮,合并单元格,并在其中输入文本"每门功课的平均分",如图 7-51 所示。

STEP 03　选定 E15 单元格,在编辑栏中输入公式"＝AVERAGE(数学成绩统计)",按 Ctrl＋Enter 组合键计算出数学成绩的平均分,如图 7-52 所示。

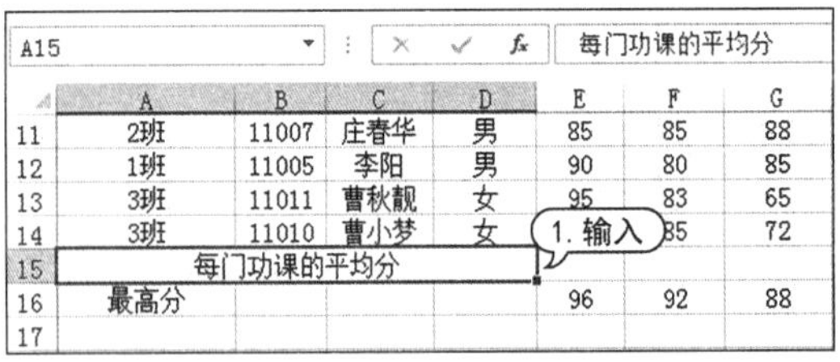

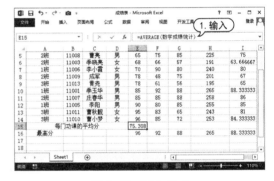

图 7-51　合并单元格并输入文本

图 7-52　输入公式

STEP 04　选定 F15 和 G15 单元格,在编辑栏中分别输入公式"＝AVERAGE(英语成绩统计)"和"＝AVERAGE(哲学成绩统计)",按 Ctrl＋Enter 组合键,计算出英语和哲学成绩的平均分,如图 7-53 所示。

图 7-53　输入公式

实用技巧

使用名称输入公式时,不能使用相对引用单元格来填充数据。

7.4 案例演练

本章的案例演练通过使用信息函数和财务函数两个实例操作,使用户通过练习可以巩固本章所学知识。

7.4.1 使用信息函数

【例 7-10】 创建《车牌号码检测》工作簿,使用信息函数检测车牌号码的奇偶性。 视频+素材

STEP 01 启动 Excel 2013,新建一个名为"车牌号码检测"的工作簿,在【Sheet1】工作表中创建数据,如图 7-54 所示。

STEP 02 选中 D3 单元格,打开【公式】选项卡,在【函数库】组中单击【插入函数】按钮,打开【插入函数】对话框。在【或选择类别】下拉列表中选择【信息】选项;在【选择函数】列表框中选择【ISODD】函数,单击【确定】按钮,如图 7-55 所示。

图 7-54 输入数据

图 7-55 选择【ISODD】函数

STEP 03 打开【函数参数】对话框,在【Number】文本框内输入"C3",然后单击【确定】按钮,如图 7-56 所示。

STEP 04 此时,在 D3 单元格中显示返回的检测结果,并在编辑栏中显示运算公式"= ISODD(C3)",如图 7-57 所示。

STEP 05 使用相对引用方式复制公式到 D4:D12 单元格区域,系统自动显示检测结果,如图 7-58 所示。

STEP 06 选中 E3 单元格,在编辑栏中输入公式"= IF(ISODD(C3),"奇数","偶数")",如图 7-59 所示。

STEP 07 按 Ctrl + Enter 组合键,判断车牌号苏 AAA888 的奇偶性,如图 7-60 所示。

STEP 08 使用相对引用方式复制公式到 E4:E12 单元格区域,检测出其他车牌号码的奇偶性。若给定车牌号是奇数,函数返回 TRUE,且显示结果为"奇数";若给定车牌号是偶数,函数返回 FALSE,且显示结果为"偶数",如图 7-61 所示。

图 7-56　选取单元格

图 7-57　显示结果

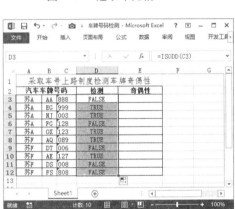

图 7-58　复制公式

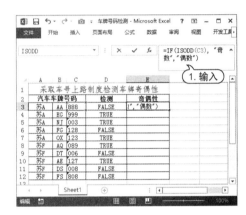

图 7-59　输入公式

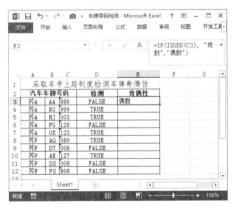

图 7-60　显示结果

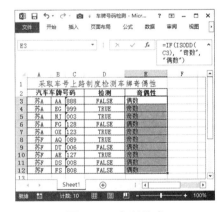

图 7-61　复制公式

7.4.2　使用财务函数

【例 7-11】 新建《公司设备折旧》工作簿，使用财务函数 SYD 和 SLN 计算设备每年、每月和每日的折旧值。🎬视频+素材

STEP 01 启动 Excel 2013，新建一个名为"公司设备折旧"的工作簿，在【Sheet1】工作表中输入

数据,如图 7-62 所示。

STEP 02 选中 C5 单元格,打开【公式】选项卡,在【函数库】组中单击【财务】下拉按钮,在弹出的菜单中选择【SLN】命令,如图 7-63 所示。

图 7-62　输入数据

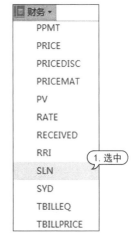

图 7-63　选择【SLN】命令

STEP 03 打开【函数参数】对话框,在【Cost】文本框中输入"B3";在【Salvage】文本框中输入"C3";在【Life】文本框中输入"D3 * 365",然后单击【确定】按钮,使用线性折旧法计算设备每天的折旧值,如图 7-64 所示。

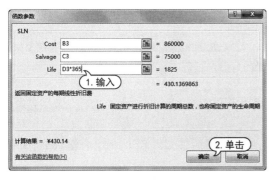

图 7-64　设置【函数参数】对话框进行计算

STEP 04 选中 C6 单元格,在编辑栏中输入公式" = SLN(B3,C3,D3 * 12)",按 Enter 键,即可使用线性折旧法计算出每月的设备折旧值,如图 7-65 所示。

STEP 05 选中 C7 单元格,在编辑栏中输入公式" = SLN(B3,C3,D3)",按 Ctrl + Enter 组合键,即可使用线性折旧法计算出设备每年的折旧值,如图 7-66 所示。

STEP 06 选中 E5 单元格,打开【公式】选项卡,在【函数库】组中单击【财务】下拉按钮,在弹出的菜单中选择【SYD】命令,打开【函数参数】对话框。在【Cost】文本框中输入"B3";在【Salvage】文本框中输入"C3";在【Life】文本框中输入"D3";在【Per】文本框中输入"D5",单击【确定】按钮,使用年限总和折旧法计算第 1 年的设备折旧额,如图 7-67 所示。

轻松学 电脑教程系列

图 7-65　输入公式　　　　　　　　　　图 7-66　输入公式

STEP 07 在编辑栏中将公式更改为"＝SYD（＄B＄3，＄C＄3，＄D＄3,D5)"，按 Ctrl＋Enter 组合键，即可计算出结果，如图 7-68 所示。

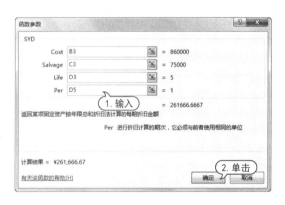

图 7-67　设置【函数参数】对话框　　　　图 7-68　更改公式

STEP 08 使用相对引用方式复制公式至 E6：E9 单元格区域，计算出不同年限的折旧额，如图 7-69 所示。

STEP 09 选中 E11 单元格，输入公式"＝SUM(E5:E9)"，然后按 Ctrl＋Enter 组合键，即可计算累积折旧额，如图 7-70 所示。

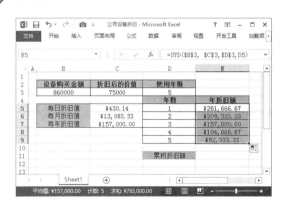

图 7-69　复制公式　　　　　　　　　　图 7-70　输入公式

第 8 章

表格格式设置和打印

  Excel 2013 提供了丰富的格式化命令,利用这些命令可以对工作表与单元格的格式进行设置,帮助用户创建更加美观实用的电子表格。此外,用户还可根据需要将制作好的表格打印出来以方便查看和保存。

对应的光盘视频

8.1 设置单元格格式

在 Excel 2013 中,用户可以根据需要设置不同的单元格格式,如设置单元格字体格式、单元格中数据的对齐方式以及单元格的边框和底纹等,从而达到美化单元格的目的。

8.1.1 设置字体

对不同的单元格设置不同的字体,可以使工作表中的某些数据醒目和突出,也使整个电子表格的版面更为丰富。

在【开始】选项卡的【字体】组中使用相应的命令按钮可以完成简单的字体设置工作,若对字体设置有更高要求,可以打开【设置单元格格式】对话框的【字体】选项卡,在该选项卡中按照需要进行字体、字形、字号等详细设置。

【例 8-1】 在《员工信息表》工作簿中设置单元格中文本的字体。 ⏺视频+素材

STEP 01 启动 Excel 2013,打开《员工信息表》工作簿的【基本资料】工作表,如图 8-1 所示。

STEP 02 选定 A1 单元格,在【开始】选项卡的【字体】组的【字体】下拉列表中选择【华文琥珀】,在【字号】下拉列表中选择【18】,在【字体颜色】面板中选择【深蓝】色块,如图 8-2 所示。

	A	B	C	D	E	F
1	员工信息表					
2	姓名	性别	年龄	籍贯	所属部门	工作年限
3	王彬彬	男	22	江苏南京	策划部	3
4	张文浩	男	26	陕西西安	策划部	5
5	杨芳芳	女	25	河北唐山	策划部	6
6	于冰冰	男	21	浙江台州	广告部	7
7	方琳	女	20	河南洛阳	广告部	2
8	王艳丽	男	23	江苏淮安	广告部	1
9	沈静	女	27	江苏盐城	销售部	2
10	姜梅	女	28	江苏南通	技术部	8
11	刘晓庆	女	22	上海	销售部	3
12	马小玲	男	29	四川成都	技术部	5
13	李盈盈	女	25	重庆	销售部	6

图 8-1 打开工作表

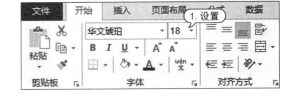

图 8-2 设置字体

STEP 03 选定 A2:F2 单元格区域并右击,在打开的快捷菜单中选择【设置单元格格式】命令,打开【设置单元格格式】对话框,打开【字体】选项卡,在【字体】列表框中选择【华文细黑】,在【字号】列表框中选择【14】,单击【确定】按钮,如图 8-3 所示。

STEP 04 完成设置后,此时表格的效果如图 8-4 所示。

图 8-3 【设置单元格格式】对话框

	A	B	C	D	E	F
1	员工信息表					
2	姓名	性别	年龄	籍贯	所属部门	工作年限
3	王彬彬	男	22	江苏南京	策划部	3
4	张文浩	男	26	陕西西安	策划部	5
5	杨芳芳	女	25	河北唐山	策划部	6
6	于冰冰	男	21	浙江台州	广告部	7
7	方琳	女	20	河南洛阳	广告部	2
8	王艳丽	男	23	江苏淮安	广告部	1
9	沈静	女	27	江苏盐城	销售部	2
10	姜梅	女	28	江苏南通	技术部	8
11	刘晓庆	女	22	上海	销售部	3
12	马小玲	男	29	四川成都	技术部	5
13	李盈盈	女	25	重庆	销售部	6

图 8-4 显示效果

轻松学 电脑教程系列

8.1.2　设置对齐方式

所谓对齐是指单元格中的内容在显示时,相对单元格上下左右的位置。默认情况下,单元格中的文本靠左对齐,数字靠右对齐,逻辑值和错误值居中对齐。通过【开始】选项卡的【对齐方式】组中的相应命令按钮,可以快速设置单元格的对齐方式,如合并后居中、旋转单元格中的内容等。如果要设置较复杂的对齐操作,可以使用【设置单元格格式】对话框的【对齐】选项卡来完成。

 在【基本资料】工作表中设置标题合并后居中,并且设置列标题自动换行和垂直居中显示。视频+素材

STEP 01 启动 Excel 2013,打开《员工信息表》工作簿的【基本资料】工作表,选择要合并的 A1:F1 单元格区域,如图 8-5 所示。

STEP 02 在【开始】选项卡的【对齐方式】组中单击【合并后居中】按钮,即可合并标题并居中对齐,如图8-6 所示。

图 8-5　选定单元格区域

图 8-6　合并单元格并居中对齐

STEP 03 选择列标题单元格区域 A2:F2,然后在【对齐方式】组中单击【垂直居中】按钮和【居中】按钮,将列标题单元格中的内容水平并垂直居中显示,如图 8-7 所示。

STEP 04 选定 A2:F2 单元格区域并右击,在打开的快捷菜单中选择【设置单元格格式】命令,如图 8-8 所示。

图 8-7　设置垂直居中

图 8-8　选择【设置单元格格式】命令

STEP 05 打开【设置单元格格式】对话框的【对齐】选项卡,在【文本控制】选项区域中选中【自动

换行】复选框,然后单击【确定】按钮,如图 8-9 所示。

STEP 06 在 F2 单元格中添加文本并调整行高和相关文本字号,如图 8-10 所示。

图 8-9 【对齐】选项卡

图 8-10 输入并设置文本

 8.1.3 设置边框

默认情况下,Excel 并不为单元格设置边框,工作表中的框线在打印时也不显示出来。但在一般情况下,用户在打印工作表或突出显示某些单元格时,都需要手动添加一些边框以使工作表更美观和容易阅读。

【例 8-3】 在【基本资料】工作表中添加边框。📹视频+素材

STEP 01 启动 Excel 2013,打开《员工信息表》工作簿的【基本资料】工作表。

STEP 02 选定 A1:F13 单元格区域,打开【开始】选项卡,在【字体】组中单击【边框】下拉按钮,在弹出的菜单中选择【其他边框】命令,打开【设置单元格格式】对话框的【边框】选项卡,在【线条】选项区域的【样式】列表框中保持默认设置,在【预置】选项区域中分别单击【外边框】和【内边框】按钮,然后单击【确定】按钮,如图 8-11 所示。

STEP 03 此时即可为选定单元格区域添加外边框和内边框,如图 8-12 所示。

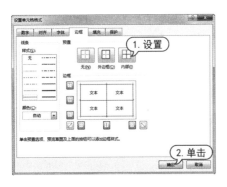

图 8-11 【边框】选项卡

图 8-12 添加边框后的效果

 8.1.4 设置底纹和背景颜色

为单元格添加背景颜色与底纹,可以使电子表格突出显示重点内容,区分工作表不同部分,使工作表显得更加美观和容易阅读。

【例 8-4】 在【基本资料】工作表中为标题单元格添加底纹,为列标题单元格添加背景颜色。 视频+素材

STEP 01 启动 Excel 2013,打开《员工信息表》工作簿的【基本资料】工作表。

STEP 02 选定 A1:F1 单元格区域,右击打开快捷菜单,选择【设置单元格格式】命令,打开【设置单元格格式】对话框的【填充】选项卡,在【图案样式】下拉列表中选择一种底纹样式,在【图案颜色】下拉列表中选择【橙色】,然后单击【确定】按钮,如图 8-13 所示。

STEP 03 返回工作表,即可查看标题单元格添加底纹后的效果,如图 8-14 所示。

图 8-13 【填充】选项卡

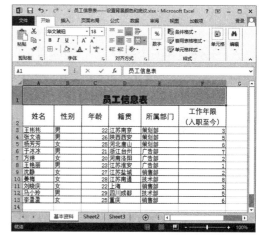

图 8-14 添加底纹后的效果

STEP 04 选定 A2:F2 单元格区域,右击打开快捷菜单,选择【设置单元格格式】命令,打开【设置单元格格式】对话框的【填充】选项卡,在【背景色】选项区域中为列标题单元格选择【蓝色】色块,然后单击【确定】按钮,如图 8-15 所示。

STEP 05 返回工作表,即可查看为列标题单元格添加背景颜色后的效果,如图 8-16 所示。

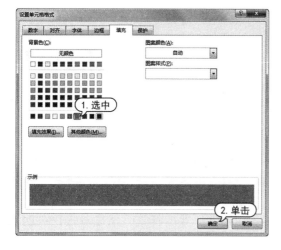

图 8-15 【填充】选项卡

图 8-16 添加背景颜色后的效果

8.2 使用单元格样式

样式就是字体、字号和缩进等格式设置特性的组合，将这一组合作为集合加以命名和存储。应用某一种样式时，将同时应用该样式中所有的格式设置指令。Excel 2013 自带了多种单元格样式，可以对单元格方便地套用这些样式，用户也可以自定义所需的单元格样式。

8.2.1 套用内置单元格样式

要使用 Excel 2013 的内置单元格样式，可以先选中需要设置样式的单元格或单元格区域，然后在样式列表中选择想要使用的样式即可。

【例 8-5】 在【基本资料】工作表中为指定的单元格应用内置样式。 视频+素材

STEP 01 启动 Excel 2013，打开《员工信息表》工作簿的【基本资料】工作表，然后选定 A3:A13 单元格区域，在【开始】选项卡的【样式】组中单击【单元格样式】下拉按钮，在弹出的下拉菜单的【主题单元格样式】选项区域中选择【着色 3】选项，如图 8-17 所示。

STEP 02 此时选定的单元格区域会自动套用该样式，如图 8-18 所示。

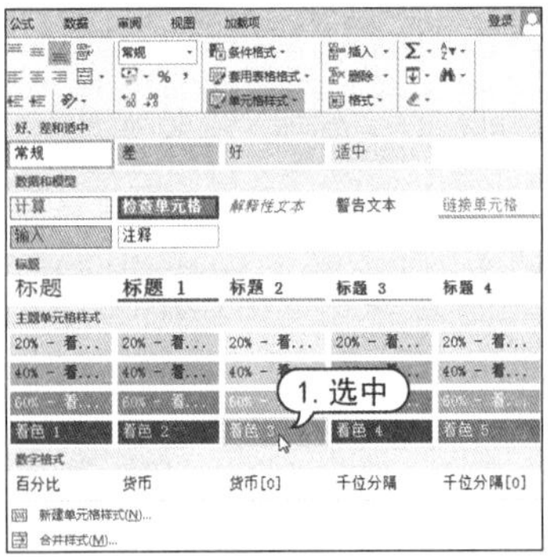

图 8-17 选择【着色 3】选项

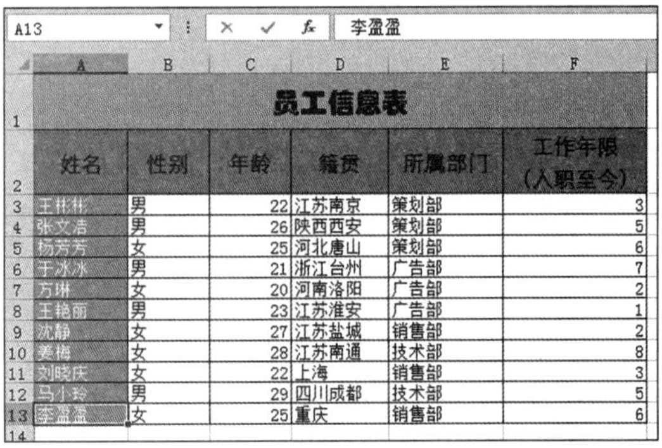

员工信息表					
姓名	性别	年龄	籍贯	所属部门	工作年限（入职至今）
王彬彬	男	22	江苏南京	策划部	3
张文浩	男	26	陕西西安	策划部	5
杨芳芳	女	25	河北唐山	策划部	6
于冰冰	男	21	浙江台州	广告部	7
方琳	女	20	河南洛阳	广告部	2
王艳丽	男	23	江苏淮安	广告部	1
沈静	女	27	江苏盐城	销售部	2
姜梅	女	28	江苏南通	技术部	8
刘晓庆	女	22	上海	销售部	3
马小玲	男	29	四川成都	技术部	5
李盈盈	女	25	重庆	销售部	6

图 8-18 套用内置样式

8.2.2 自定义单元格样式

除了套用内置的单元格样式外，用户还可以创建自定义的单元格样式，并将其应用到指定的单元格或单元格区域中。

【例 8-6】 在【基本资料】工作表中为指定的单元格自定义样式。 视频+素材

STEP 01 启动 Excel 2013，打开《员工信息表》工作簿的【基本资料】工作表。

STEP 02 在【开始】选项卡的【样式】组中单击【单元格样式】下拉按钮，在弹出的下拉菜单中选择【新建单元格样式】命令，如图 8-19 所示。

STEP 03 打开【样式】对话框，在【样式名】文本框中输入文本“我的样式”，然后单击【格式】按钮，如图 8-20 所示。

STEP 04 打开【设置单元格格式】对话框，选择【对齐】选项卡，在【水平对齐】和【垂直对齐】下拉列表中分别选择【居中】选项，如图 8-21 所示。

STEP 05 选择【填充】选项卡,在【背景色】选项区域中选择一种色块,然后单击【确定】按钮,如图 8-22 所示。

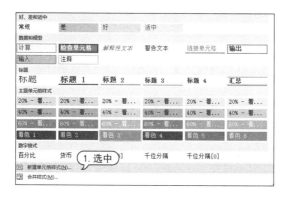

图 8-19 选择【新建单元格样式】命令

图 8-20 【样式】对话框

图 8-21 选择【居中】选项

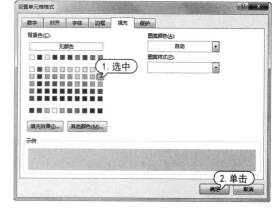

图 8-22 选择背景色

STEP 06 返回【样式】对话框,单击【确定】按钮,此时在【单元格样式】下拉菜单中将出现【我的样式】选项,如图 8-23 所示。

STEP 07 选定 B3:F13 单元格区域,在【单元格样式】下拉菜单中选择【我的样式】选项,应用该样式,设置后的效果如图 8-24 所示。

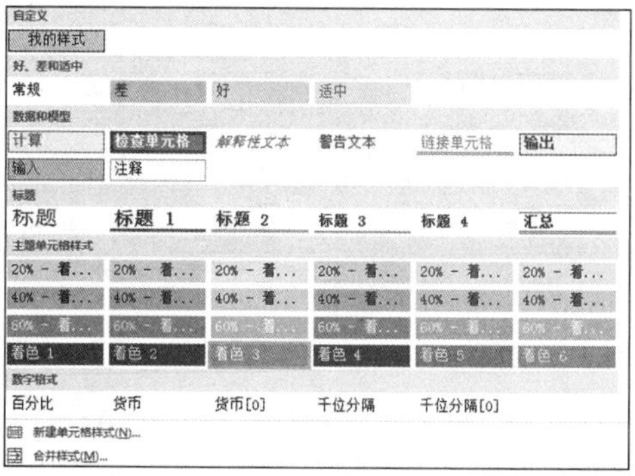

图 8-23 出现【我的样式】选项

图 8-24 应用自定义样式

8.2.3 合并单元格样式

应用 Excel 2013 提供的合并样式功能，用户可以从其他工作簿中提取想要的样式后共享给当前工作簿。

例如，要在工作簿 1 中使用工作簿 2 中的单元格样式，可先打开这两个工作簿，切换至工作簿 1，在【开始】选项卡的【样式】组中单击【单元格样式】下拉按钮，在弹出的下拉菜单中选择【合并样式】命令，如图 8-25 所示。

打开【合并样式】对话框，选中【工作簿 2.xlsx】选项，然后单击【确定】按钮，此时将工作簿 2 中的自定义样式合并到工作簿 1 中，如图 8-26 所示。

图 8-25　选择【合并样式】命令

图 8-26　【合并样式】对话框

在工作簿 1 的【开始】选项卡的【样式】组中单击【单元格样式】下拉按钮，在弹出的下拉菜单中会出现工作簿 2 中自定义的样式选项，如图 8-27 所示。

如果当前工作簿和目标工作簿包含名称相同但设置不同的样式，则会弹出对话框，询问是否需要覆盖当前工作簿中的同名样式，如图 8-28 所示，用户可根据需要进行选择。

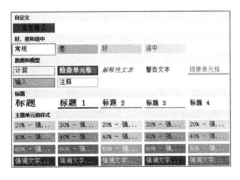

图 8-27　出现自定义样式选项

图 8-28　询问对话框

如果想要删除某个不再需要的单元格样式，可以在【单元格样式】下拉菜单中右击要删除的单元格样式，在弹出的快捷菜单中选择【删除】命令即可。

8.3　使用工作表样式

除了通过格式化单元格来美化电子表格外，在 Excel 2013 中用户还可以通过设置工作表样式和工作表标签颜色等来达到美化工作表的目的。

8.3.1　套用预设工作表样式

在 Excel 2013 中预设了一些工作表样式，套用这些工作表样式可以大大节省格式化表格的时间。

【例 8-7】 在【基本资料】工作表中套用预设的工作表样式。 📹视频+素材

STEP 01 启动 Excel 2013，打开《员工信息表》工作簿的【基本资料】工作表。

STEP 02 打开【开始】选项卡，在【样式】组里单击【套用表格格式】按钮，在弹出的菜单中选择一种工作表样式，如图 8-29 所示。

STEP 03 打开【套用表格格式】对话框，单击【表数据的来源】文本框右边的🔲按钮，如图 8-30 所示。

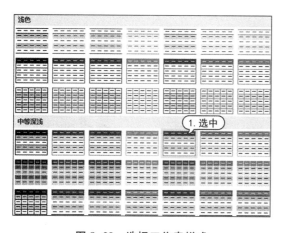

图 8-29　选择工作表样式

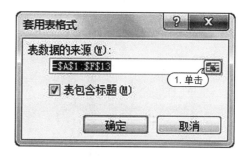

图 8-30　【套用表格格式】对话框

STEP 04 返回工作表，选定 A2:F13 单元格区域，然后单击🔲按钮，如图 8-31 所示。

STEP 05 打开【创建表】对话框，然后单击【确定】按钮，如图 8-32 所示。

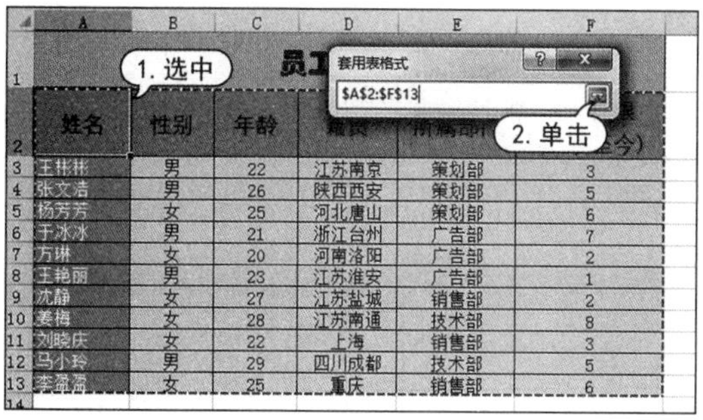

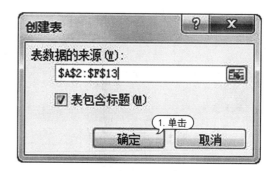

图 8-31　选中单元格区域

图 8-32　【创建表】对话框

STEP 06 此时选定单元格区域将自动套用预设工作表样式，如图 8-33 所示。

轻松学 电脑教程系列

Word＋Excel＋PowerPoint 2013 办公应用

	员工信息表				
姓名	性别	年龄	籍贯	所属部门	工作年限（入职至今）
王艳彬	男	22	江苏南京	策划部	3
张文浩	男	26	陕西西安	策划部	5
杨芳芳	女	25	河北唐山	策划部	6
于冰冰	男	21	浙江台州	广告部	7
万琳	女	20	河南洛阳	广告部	2
王艳丽	男	23	江苏淮安	广告部	1
沈静	女	27	江苏盐城	销售部	4
姜梅	女	28	江苏南通	技术部	8
刘晓庆	女	22	上海	销售部	3
马小玲	男	29	四川成都	技术部	2
李蕊蕊	女	25	重庆	销售部	6

图 8-33　套用预设工作表样式

实用技巧

套用工作表样式后，Excel 2013 会自动打开【表工具】的【设计】选项卡，在其中可以进一步设置工作表样式以及相关选项。

8.3.2　设置工作表背景

在 Excel 2013 中，除了可以为选定的单元格区域设置底纹样式或填充颜色之外，用户还可以为整个工作表添加背景效果，以达到美化工作表的目的。

【例 8-8】　在【基本资料】工作表中添加背景图片。 视频+素材

STEP 01　启动 Excel 2013，打开《员工信息表》工作簿的【基本资料】工作表。

STEP 02　打开【页面布局】选项卡，在【页面设置】组中单击【背景】按钮，如图 8-34 所示。

STEP 03　打开【工作表背景】对话框，选择要作为背景的图片文件，单击【插入】按钮，如图 8-35 所示。

图 8-34　单击【背景】按钮

图 8-35　【工作表背景】对话框

STEP 04　此时即可在工作表中添加该背景图片，如图 8-36 所示。

图 8-36　显示背景

实用技巧

若要取消工作表的背景，在【页面布局】选项卡的【页面设置】组中单击【删除背景】按钮即可。

轻松学电脑教程系列

8.4　设置条件格式

Excel 2013 的条件格式功能可以根据指定的公式或数值来确定搜索条件,然后将格式应用到符合搜索条件的选定单元格中,并突出显示要检查的动态数据。例如,希望使单元格中的负数用红色显示,超过 1 000 以上的数字字号增大等。

8.4.1　使用数据条效果

在 Excel 2013 中,条件格式功能提供了数据条、色阶、图标集 3 种内置的单元格图形效果样式,其中数据条效果可以直观地显示数值大小对比程度,使得表格数据更为直观。

【例 8-9】 在【基本资料】工作表中以数据条形式来显示工作年限。 视频+素材

STEP 01 启动 Excel 2013,打开《员工信息表》工作簿的【基本资料】工作表,然后选定 F3:F13 单元格区域,如图 8-37 所示。

STEP 02 在【开始】选项卡的【样式】组中单击【条件格式】下拉按钮,在弹出的下拉菜单中选择【数据条】命令,在弹出的子菜单中选择【渐变填充】选项区域里的【浅蓝色数据条】选项,如图 8-38 所示。

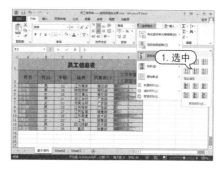

图 8-37　选定单元格区域　　　　图 8-38　选择【浅蓝色数据条】选项

STEP 03 此时工作表内的【工作年限】一列中的单元格内添加了浅蓝色渐变填充的数据条效果,可以直观对比数据,如图 8-39 所示。

STEP 04 用户还可以通过设置将单元格数据隐藏起来,只保留数据条效果。先选中 F3:F13 单元格区域里的任意单元格,单击【条件格式】下拉按钮,在弹出的下拉菜单中选择【管理规则】命令,打开【条件格式规则管理器】对话框,选中【数据条】规则,单击【编辑规则】按钮,如图 8-40 所示。

图 8-39　数据条显示效果　　　　图 8-40　单击【编辑规则】按钮

STEP 05 打开【编辑格式规则】对话框,在【编辑规则说明】选项区域里选中【仅显示数据条】复选框,然后单击【确定】按钮,如图 8-41 所示。

STEP 06 返回【条件格式规则管理器】对话框,单击【确定】按钮即可完成设置。此时 F3:F13 单元格区域只显示数据条,没有具体数值,如图 8-42 所示。

图 8-41 【编辑格式规则】对话框   图 8-42 仅显示数据条效果

 8.4.2 自定义条件格式

用户可以自定义电子表格的条件格式,以查找或编辑符合条件格式的单元格。

【例 8-10】 在【基本资料】工作表中设置以绿色填充色、深绿色文本突出显示员工年龄大于 25 的单元格。 📹视频+素材

STEP 01 启动 Excel 2013,打开《员工信息表》工作簿的【基本资料】工作表。

STEP 02 选定年龄所在的 C3:C13 单元格区域,在【开始】选项卡的【样式】组中单击【条件格式】下拉按钮,在弹出的菜单中选择【突出显示单元格规则】|【大于】命令,如图 8-43 所示。

STEP 03 打开【大于】对话框,在【为大于以下值的单元格设置格式】文本框中输入"25",在【设置为】下拉列表中选择【绿填充色深绿色文本】选项,然后单击【确定】按钮,如图 8-44 所示。

图 8-43 选择【突出显示单元格规则】|【大于】命令

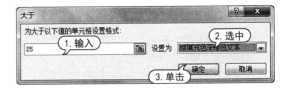

图 8-44 【大于】对话框

STEP 04 此时,在【年龄】列中所有满足条件的单元格都会自动套用绿填充色深绿色文本的单元格格式,如图 8-45 所示。

	A	B	C	D	E	F
1	员工信息表					
2	姓名	性别	年龄	籍贯	所属部门	工作年限（入职至今）
3	王林林	男	22	江苏南京	策划部	
4	张文浩	男	26	陕西西安	策划部	
5	杨芳芳	女	25	河北唐山	策划部	
6	于冰冰	男	21	浙江台州	广告部	
7	万琳	女	20	河南洛阳	广告部	
8	王艳丽	男	23	江苏淮安	广告部	
9	沈静	女	27	江苏盐城	销售部	
10	秦梅	女	28	江苏南通	技术部	
11	刘晓庆	女	22	上海	销售部	
12	马小羚	男	29	四川成都	技术部	
13	李嘉盈	女	25	重庆	销售部	

图 8-45　套用自定义条件格式

> **实用技巧**
>
> 【突出显示单元格规则】子菜单下的命令可以对包含文本、数字或日期/时间值的单元格设置格式，也可以对唯一值或重复值设置格式。

8.4.3　清除条件格式

当用户不再需要条件格式时可以选择清除条件格式。清除条件格式主要有以下 2 种方法：

▽ 在【开始】选项卡的【样式】组中单击【条件格式】下拉按钮，在弹出的菜单中选择【清除规则】命令，然后继续在弹出的子菜单中选择合适的清除范围，如图 8-46 所示。

▽ 在【开始】选项卡的【样式】组中单击【条件格式】下拉按钮，在弹出的菜单中选择【管理规则】命令，打开【条件格式规则管理器】对话框，选中要删除的规则后单击【删除规则】按钮，即可清除条件格式，如图 8-47 所示。

图 8-46　选择【清除规则】子菜单中的命令

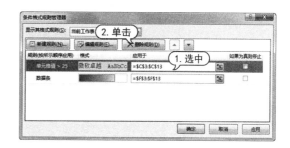

图 8-47　单击【删除规则】按钮

8.5　添加表格修饰元素

Excel 2013 可以在表格中插入各种对象，如图片、剪贴画、形状、多媒体等。通过添加这些对象可以帮助用户制作出一份图文音像并茂的电子表格。

8.5.1　插入图片

Excel 2013 支持目前几乎所有的常用图片格式，用户可以选择计算机中存储的图片或者自带剪贴画插入到表格内并进行设置。

1. 插入计算机中的图片

用户只需选择【插入】选项卡，然后在【插图】组中单击【图片】按钮，在打开的【插入图片】对话框中选中一个计算机中的图片文件后，单击【插入】按钮，即可将图片插入到表格中，如图 8-48 和图 8-49 所示。

图 8-48　【插入图片】对话框

图 8-49　插入图片到表格

2. 插入剪贴画

Excel 自带很多剪贴画，用户可以在剪贴画库中搜索剪贴画，然后单击要插入的剪贴画即可将其插入表格中。

要在 Excel 2103 工作表中插入剪贴画，用户可以选择【插入】选项卡，在【插图】组中单击【联机图片】按钮，在打开的【插入图片】对话框中的【Office.com 剪贴画】搜索框中输入要查找的剪贴画关键字（例如"山"），然后按下 Enter 键，如图 8-50 所示。在搜索结果中选中要插入表格的剪贴画预览图后，单击【插入】按钮即可，如图 8-51 所示。

图 8-50　查找关键字

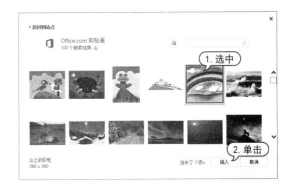

图 8-51　选择剪贴画插入

8.5.2　插入形状

形状是指浮于单元格上方的简单几何图形，也叫自选图形。Excel 2013 提供了多种形状可以供用户使用。

在【插入】选项卡的【插图】组中单击【形状】按钮，可以打开【形状】菜单。在【形状】菜单中单击相应的形状命令，然后在工作表中按下鼠标左键并拖动鼠标即可绘制出各种各样的形状。

在工作表内插入了形状以后，可以对其进行旋转、移动、改变大小等编辑操作。若需要精确设置形状的大小，可以在选中形状后，选择【绘图工具】的【格式】选项卡，在【大小】组中的【形状高度】与【形状宽度】文本框中设置形状长度与宽度的具体数值即可，如图 8-52 所示。

当表格中多个形状叠放在一起时，新创建的形状会遮住之前创建的形状，按先后次序叠放。要调整叠放的顺序,只需选中形状后,单击【格式】选项卡的【排列】组中的【上移一层】或【下移一层】按钮,即可将选中形状向上或向下移动,如图 8-53 所示。

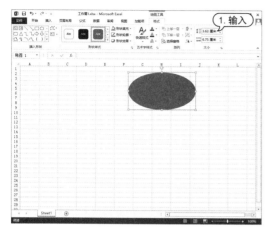

图 8-52　设置形状大小

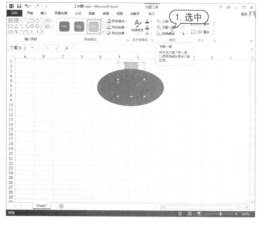

图 8-53　调整叠放属性

知识点滴

用户还可以在表格中插入文本框,打开【插入】选项卡,在【文本】组中单击【文本框】下拉按钮,在弹出的菜单中选择【横排文本框】或【竖排文本框】命令,然后在工作表的合适位置中按下鼠标左键并拖动鼠标即可绘制文本框。

8.5.3　插入 SmartArt 图形

Excel 2013 预设了很多 SmartArt 图形样式并且对其进行了分类,用户可以方便地在表格中插入所需的 SmartArt 图形。

选择【插入】选项卡,在【插图】组中单击【SmartArt 图形】按钮。打开【选择 SmartArt 图形】对话框,然后在对话框中间的选项区域选择一种样式并单击【确定】按钮,如图 8-54 所示。

返回工作簿窗口,即可在表格中插入选定的 SmartArt 图形,并在 SmartArt 图形中输入文本,如图 8-55 所示。

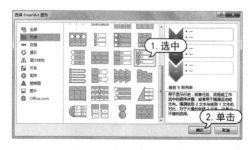

图 8-54　【选择 SmartArt 图形】对话框

图 8-55　输入文本

用户还可以继续添加图形形状。选中已插入的 SmartArt 图形中最下方的一个形状,然后打开【SmartArt 工具】的【设计】选项卡,在【创建图形】组中单击【添加形状】下拉按钮,在弹出的菜单中选择【在后面添加形状】命令,最后在新添加的 SmartArt 图形形状中输入文本,如图 8-56 所示。

轻松学电脑教程系列

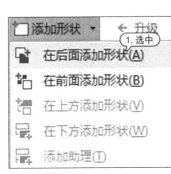 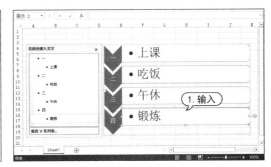

图 8-56　添加形状

8.5.4　插入多媒体文件

在 Excel 2013 中,可以将其他程序制作好的文件直接插入到电子表格中,如音频、视频等多媒体文件。

一般多媒体文件有许多格式,比如 MP3 音频格式、AVI 视频格式等。比如要插入 MP3 音频文件,可选择【插入】选项卡,在【文本】组中单击【对象】按钮,打开【对象】对话框,选择【由文件创建】选项卡,单击【浏览】按钮,如图 8-57 所示。打开【浏览】对话框,选择要插入的 MP3 音频文件,然后单击【插入】按钮,如图 8-58 所示。

图 8-57　单击【浏览】按钮　　　　图 8-58　选择音频文件

返回【对象】对话框,单击【确定】按钮,即可在表格中插入选定的音频文件,如图 8-59 所示。在工作表中双击插入的 MP3 文件图标,即可播放该音频文件,如图 8-60 所示。

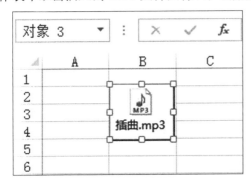 

图 8-59　插入音频　　　　图 8-60　播放音频

8.6　预览和打印表格

Excel 2013 提供打印预览功能，用户可以通过该功能查看打印效果，如页面设置、分页符效果等。若不满意可以及时调整，避免打印后不能使用而造成浪费。

8.6.1　预览打印效果

选择【文件】|【打印】命令，在工作簿窗口最右侧显示预览窗格。如果是多页表格，可以单击窗口左下角的左右翻页按钮选择页数预览。单击右下角的【缩放到页面】按钮，可以将原始页面放入预览窗格。单击该按钮旁边的【显示边距】按钮可以显示默认页边距，如图 8-61 所示。

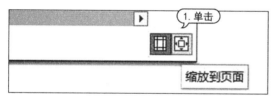

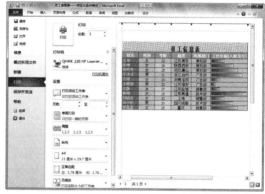

图 8-61　预览效果

8.6.2　设置打印页面

打印之前可以设置打印纸张的页边距、纸张大小、纸张方向等选项，方便用户控制打印表格的效果。

1. 设置页边距

页边距指的是要打印的工作表的边缘距离打印纸张边缘的距离。Excel 2013 提供了 3 种预设的页边距方案，分别为【普通】、【宽】与【窄】，其中默认使用的是【普通】页边距方案。

要使用系统预设的页边距方案，可打开【页面布局】选项卡，在【页面设置】组中单击【页边距】按钮，在弹出的菜单中选择相应的默认方案即可，如图 8-62 所示。

如果预设的 3 种页边距方案不能满足用户的需要，也可在【页边距】下拉菜单中选择【自定义边距】命令，打开【页面设置】对话框的【页边距】选项卡，在该选项卡中用户可以自定义页边距大小，如图 8-63 所示。

2. 设置纸张大小

在设置打印页面时，应选用与打印机中打印纸大小对应的纸张大小。在【页面布局】选项卡的【页面设置】组中单击【纸张大小】下拉按钮，在弹出的菜单中可以选择纸张大小，如图 8-64 所示。选择【其他纸张大小】命令，打开【页面设置】对话框，在该对话框中可进行更加详细的设置，如图 8-65 所示。

轻松学电脑教程系列

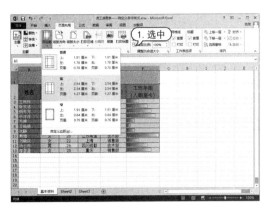

图 8-62　选择预设页边距方案

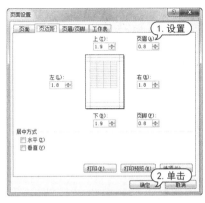

图 8-63　自定义页边距

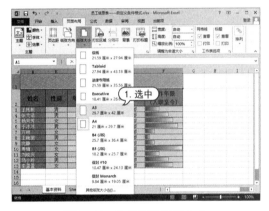

图 8-64　选择预设纸张大小

图 8-65　设置纸张大小

3. 设置纸张方向

在设置打印页面时，打印方向可设置为纵向和横向。打开【页面布局】选项卡，在【页面设置】组中单击【纸张方向】下拉按钮，在弹出的菜单中选择【纵向】或【横向】命令，可以设置打印方向，如图 8-66 所示。

图 8-66　选择【横向】命令

实用技巧

　　纵向打印常用于打印窄表，而横向打印常用于打印宽表。

8.6.3　打印表格

完成对工作表的页面设置并在打印预览窗格确认打印效果之后，就可以打印该工作表了。择【文件】|【打印】命令，在【打印】选项区域中可以选择要使用的打印机并设置打印范围、打印内容等选项。设置完成后，单击【打印】按钮即可开始打印工作表，如图 8-67 所示。

单击【打印机属性】链接，可打开打印机属性设置对话框，在该对话框中可对用户所使用的打印机的各项参数进行设置，如图 8-68 所示。

图 8-67　单击【打印】按钮

图 8-68　打印机属性设置对话框

8.7　案例演练

本章的案例演练通过制作并格式化工作簿这个实例操作，使用户通过练习可以巩固本章所学知识。

【例 8-11】 创建并格式化《旅游路线报价表》工作簿。 视频+素材

STEP 01 启动 Excel 2013，新建一个名为"旅游路线报价表"的工作簿，在【Sheet1】工作表中输入数据，如图 8-69 所示。

STEP 02 选定 A1:E1 单元格区域，然后在【开始】选项卡的【对齐方式】组中单击【合并后居中】按钮，设置标题居中对齐。选定 A2:E10 单元格区域，在【开始】选项卡的【单元格】组中单击【格式】下拉按钮，在弹出的菜单中选择【自动调整列宽】命令，Excel 会自动调整单元格区域至合适的列宽，如图 8-70 所示。

图 8-69　输入表格数据

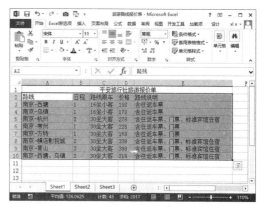

图 8-70　合并单元格并调整列宽

STEP 03 选定 E2:E10 单元格区域,在【开始】选项卡的【单元格】组中单击【格式】下拉按钮,在弹出的菜单中选择【列宽】命令,打开【列宽】对话框。在【列宽】文本框中输入"20",然后单击【确定】按钮,如图 8-71 所示。

STEP 04 此时 E2:E10 单元格区域的列宽效果如图 8-72 所示。

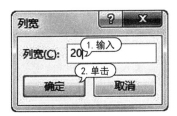

图 8-71 【列宽】对话框

图 8-72 列宽显示效果

STEP 05 在【开始】选项卡的【对齐格式】组中单击【自动换行】按钮,设置 E2:E10 单元格区域中的内容自动换行显示。选定列标题所在的 A2:E2 单元格区域,在【开始】选项卡的【对齐方式】组中单击【居中】按钮,设置列标题单元格居中对齐。使用同样的方法设置 A3:A10、C3:C10 单元格区域中的内容居中对齐,如图 8-73 所示。

STEP 06 选定标题所在的单元格,在【开始】选项卡的【字体】组中,设置字体为【华文琥珀】,字号为【18】,字体颜色为【紫色】。选定 A2:E2 单元格区域,在【开始】选项卡的【字体】组中单击【加粗】按钮,如图 8-74 所示。

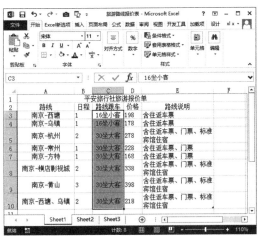

图 8-73 设置居中对齐

图 8-74 设置文本字体

STEP 07 选取 A2:E10 单元格区域,在【开始】选项卡的【样式】组中单击【套用表格格式】下拉按钮,在弹出的表格样式列表中选择【表样式中等深浅 5】选项,如图 8-75 所示。

STEP 08 打开【套用表格式】对话框,保持默认设置,单击【确定】按钮,此时将自动套用内置的表格样式,如图 8-76 所示。

STEP 09 选取 A3:A10 单元格区域,在【开始】选项卡的【样式】组中单击【单元格样式】下拉按钮,在弹出的单元格样式列表中选择【着色 1】选项,如图 8-77 所示。

STEP 10 此时将套用选择的单元格样式,最后表格效果如图 8-78 所示。

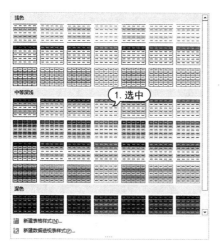

图 8-75　选择表格样式

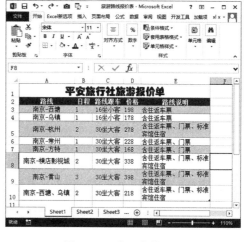

图 8-76　套用表格样式

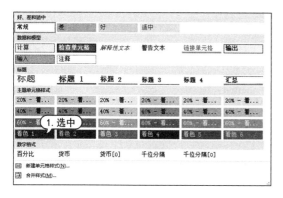

图 8-77　选择单元格样式

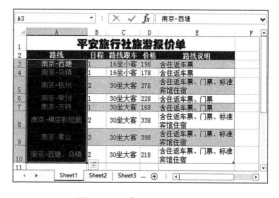

图 8-78　套用单元格样式

第 9 章

使用 PowerPoint 创建幻灯片

PowerPoint 2013 是 Office 2013 软件中制作演示文稿的组件，用于大型场合下的多媒体演示，可以在演示过程中插入声音、视频、动画等多媒体资料。本章主要介绍使用 PowerPoint 2013 创建幻灯片的基础操作。

对应的光盘视频

9.1　创建演示文稿

在 PowerPoint 2013 中,用户可以创建各种多媒体演示文稿。演示文稿中的每一页被称为幻灯片,每张幻灯片都是演示文稿中既相互关联又相互关联的内容。本节将介绍多种创建演示文稿的方法。

9.1.1　创建空白演示文稿

空白演示文稿是一种形式最简单的演示文稿,没有应用模板设计、配色方案以及动画方案,可以自由设计。创建空白演示文稿的方法主要有以下两种。

▽ 在 PowerPoint 2013 启动界面中创建空白演示文稿:启动 PowerPoint 2013 后,在打开的界面中单击【空白演示文稿】选项,如图 9-1 所示。

▽ 在【新建】界面中创建空白演示文稿:单击【文件】按钮,在弹出的菜单中选中【新建】命令,在右侧的【新建】选项区域中选择【空白演示文稿】选项,如图 9-2 所示。

图 9-1　PowerPoint 2013 启动界面

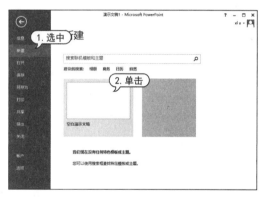

图 9-2　【新建】界面

9.1.2　使用模板创建演示文稿

在 PowerPoint 中除了可以创建最简单的空白演示文稿外,还可以根据自定义模板、现有内容和内置模板创建演示文稿。模板是一种以特殊格式保存的演示文稿,一旦应用了一种模板后,幻灯片的背景图形、配色方案等就都已经确定,所以套用模板可以提高新建演示文稿的效率。

【例 9-1】　根据现有模板【欢迎使用 PowerPoint】新建一个演示文稿。　视频

STEP 01　启动 PowerPoint 2013,在启动界面中单击【欢迎使用 PowerPoint】选项,然后在打开的对话框中单击【创建】按钮,如图 9-3 所示。

STEP 02　此时,【欢迎使用 PowerPoint】模板将被应用于新建的演示文稿,如图 9-4 所示。

9.1.3　根据现有内容提示创建演示文稿

如果用户想使用现有演示文稿中的一些内容或风格来设计其他的演示文稿,就可以使用 PowerPoint 的现有内容创建一个和现有演示文稿具有相同内容及风格的新演示文稿,用户只需在原有的基础上进行适当修改即可。

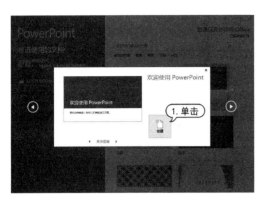

图 9-3　单击【创建】按钮

图 9-4　应用模板

　　首先在【开始】选项卡的【幻灯片】组中单击【新建幻灯片】下拉按钮,在弹出的菜单中选择【重用幻灯片】命令,打开【重用幻灯片】任务窗格,单击【浏览】下拉按钮,在弹出的菜单中选择【浏览文件】命令,如图 9-5 所示。打开【浏览】对话框,选择需要使用的现有演示文稿,单击【打开】按钮,如图 9-6 所示。

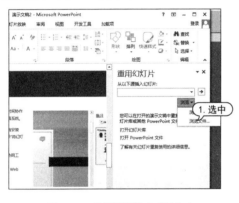

图 9-5　选择【浏览文件】命令

图 9-6　【浏览】对话框

　　此时【重用幻灯片】任务窗格中显示现有演示文稿中所有可用的幻灯片,如图 9-7 所示,在左侧的幻灯片预览窗格中选择需要插入幻灯片的位置,然后在右侧的幻灯片列表框中选中需要的幻灯片,即可将其插入到指定位置,如图 9-8 所示。

图 9-7　【重用幻灯片】任务窗格

图 9-8　插入幻灯片

9.2 幻灯片基础操作

　　幻灯片是演示文稿的重要组成部分,因此在 PowerPoint 2013 中需要掌握幻灯片的一些基础操作,主要包括选择幻灯片、插入新幻灯片、移动和复制幻灯片、删除幻灯片等。

9.2.1 选择幻灯片

　　在 PowerPoint 2013 中,用户可以选中一张或多张幻灯片,然后对选中的幻灯片进行操作,无论是在大纲视图、普通视图还是幻灯片浏览视图中,选择幻灯片的方法都是类似的,以下是在普通视图中选择幻灯片的方法。

▽ 选择单张幻灯片:无论是在普通视图还是在幻灯片浏览视图中,只需单击需要的幻灯片,即可选中该张幻灯片,如图 9-9 所示。

▽ 选择编号相连的多张幻灯片:首先单击起始编号的幻灯片,然后按住 Shift 键,单击结束编号的幻灯片,此时两张幻灯片之间的多张幻灯片被同时选中,如图 9-10 所示。

图 9-9　选择单张幻灯片　　　　　图 9-10　选择编号相连的多张幻灯片

▽ 选择编号不相连的多张幻灯片:在按住 Ctrl 键的同时依次单击需要选择的每张幻灯片,即可同时选中所单击的多张幻灯片。在按住 Ctrl 键的同时再次单击已选中的幻灯片,则取消选择该幻灯片,如图 9-11 所示。

▽ 选择全部幻灯片:无论是在普通视图还是在幻灯片浏览视图中,按 Ctrl+A 组合键即可选中当前演示文稿中的所有幻灯片,如图 9-12 所示。

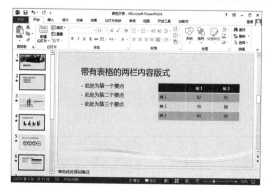
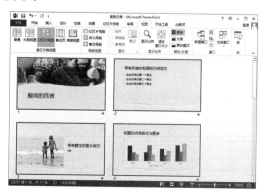

图 9-11　选择编号不相连的多张幻灯片　　　图 9-12　选择全部幻灯片灯片

9.2.2　插入幻灯片

　　启动 PowerPoint 2013 应用程序后，PowerPoint 会自动创建一张新的幻灯片，随着制作过程的推进，需要在演示文稿中插入更多的幻灯片。以下将介绍 3 种插入幻灯片的方法。

▽ 通过【幻灯片】组插入：在幻灯片预览窗格中选择一张幻灯片，打开【开始】选项卡，在【幻灯片】组中单击【新建幻灯片】按钮，即可插入一张默认版式的幻灯片。当需要应用其他版式时，单击【新建幻灯片】按钮右下方的下拉箭头，在弹出的菜单中选择【标题和内容】选项，即可插入该样式的幻灯片，如图 9-13 所示。

▽ 通过右键快捷菜单插入：在幻灯片预览窗格中选择一张幻灯片，右击该幻灯片，在弹出的快捷菜单中选择【新建幻灯片】命令，即可在选择的幻灯片之后插入一张新的幻灯片，如图 9-14 所示。

▽ 通过键盘操作插入：通过键盘操作插入幻灯片是最为快捷的方法。在幻灯片预览窗格中选择一张幻灯片，然后按 Enter 键，即可插入一张新幻灯片。

图 9-13　通过【幻灯片】组插入幻灯片

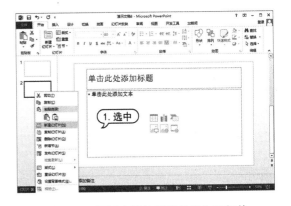
图 9-14　通过右键快捷菜单插入幻灯片

9.2.3　移动和复制幻灯片

　　PowerPoint 2013 支持以幻灯片为对象的移动和复制操作，可以将整张幻灯片及其内容进行移动或复制。

1. 移动幻灯片

　　在制作演示文稿时，为了调整幻灯片的播放顺序，此时就需要移动幻灯片。移动幻灯片的方法如下：首先，选中需要移动的幻灯片，在【开始】选项卡的【剪贴板】组中单击【剪切】按钮，如图 9-15 所示；其次，在需要移动到的目标位置单击，然后在【开始】选项卡的【剪贴板】组中单击【粘贴】按钮。

2. 复制幻灯片

　　在制作演示文稿时，有时会需要两张内容基本相同的幻灯片。此时，可以利用幻灯片的复制功能复制出一张相同的幻灯片，然后对其进行适当的修改。复制幻灯片的方法如下：首先，选中需要复制的幻灯片，在【开始】选项卡的【剪贴板】组中单击【复制】按钮，如图 9-16 所示；其次，在需要插入幻灯片的位置单击，然后在【开始】选项卡的【剪贴板】组中单击【粘贴】按钮。

图 9-15　单击【剪切】按钮

图 9-16　单击【复制】按钮

◎ **知识点滴**

　　用户可以同时选择多张幻灯片进行上述操作,Ctrl + C、Ctrl + V 快捷键同样适用于幻灯片的复制和粘贴操作。另外,用户还可以通过按住鼠标左键并拖动鼠标的方法复制幻灯片。方法很简单,选择要复制的幻灯片,按住 Ctrl 键,然后按住鼠标左键拖动选定的幻灯片,在拖动的过程中会出现一条竖线表示选定幻灯片的新位置,此时释放鼠标左键,再松开 Ctrl 键,选择的幻灯片将被复制到目标位置。

🔍 9.2.4　删除幻灯片

　　在演示文稿中删除多余幻灯片是清除大量冗余信息的有效方法,删除幻灯片的方法主要有以下几种:

▽ 选中需要删除的幻灯片,直接按下 Delete 键。

▽ 鼠标右击需要删除的幻灯片,在弹出的快捷菜单中选择【删除幻灯片】命令。

▽ 选中幻灯片,在【开始】选项卡的【剪贴板】组中单击【剪切】按钮。

9.3　制作幻灯片文本 ▶

　　幻灯片文本是演示文稿中至关重要的部分,它对文稿中的主题、问题的说明与阐述具有其他方式不可替代的作用。

🔍 9.3.1　输入文本

　　在 PowerPoint 中不能直接在幻灯片中输入文本,只能通过文本占位符或插入文本框来添加。下面分别介绍如何使用文本占位符和插入文本框。

1. 使用文本占位符

　　占位符是由虚线或影线标记边框的矩形框,是绝大多数幻灯片版式的组成部分。这种占位符中预设了文本的属性和样式,供用户添加标题文本、项目文本等。

　　在幻灯片中单击占位符边框,即可选中该占位符;在占位符中单击,进入文本编辑状态,直接输入文本。在幻灯片的空白处单击,退出文字编辑状态。

【例 9-2】 新建一个空白演示文稿,然后使用中文输入法输入文本。 🎬视频+素材

STEP 01 启动 PowerPoint 2013,创建一个空白演示文稿,然后在幻灯片编辑窗口中单击【单击此处添加标题】文本占位符内部,此时占位符中将出现闪烁的光标。切换至中文输入法,输入文本"流行服饰新品展示会",如图 9-17 所示。

STEP 02 单击【单击此处添加副标题】文本占位符内部,当出现闪烁的光标时,输入文本"2016

年 12 月 25 日 北京",如图 9-18 所示。

STEP 03 在快速访问工具栏中单击【保存】按钮，将演示文稿以"服饰展示会"为名进行保存。

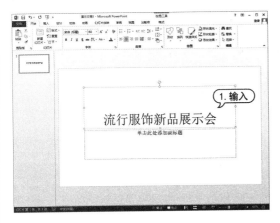

图 9-17　输入标题文本　　　　　　　图 9-18　输入副标题文本

2. 插入文本框

文本框是一种可移动、可调整大小的文本或图形容器,其特性与文本占位符非常相似。使用文本框,可以在幻灯片中放置多个文本块,可以使文字按不同的方向排列,可以打破幻灯片版式的制约,实现在幻灯片中的任意位置添加文字信息的目的。

PowerPoint 2013 提供了两种形式的文本框:横排文本框和垂直文本框,分别用来放置水平方向的文字和垂直方向的文字。

【例 9-3】 在《服饰展示会》演示文稿中插入一个横排文本框。

STEP 01 打开《服饰展示会》演示文稿后,选择【插入】选项卡,在【文本】组中单击【文本框】下拉按钮,在弹出的下拉菜单中选择【横排文本框】命令,如图 9-19 所示。

STEP 02 移动鼠标指针到幻灯片编辑窗口,按住鼠标左键,当指针形状变为+形状时,在幻灯片编辑窗口中拖动鼠标,当拖动形成合适大小的矩形框后,释放鼠标即可完成横排文本框的插入,如图 9-20 所示。

图 9-19　选择【横排文本框】命令　　　　图 9-20　插入文本框

9.3.2　设置文本格式

为了使演示文稿更加美观、清晰,通常需要对文本格式进行设置。文本的格式设置包括字体、字形、字号及字体颜色等。

【例 9-4】 在《服饰展示会》演示文稿中设置文本格式并调节占位符和文本框的大小与位置。视频+素材

STEP 01 打开《服饰展示会》演示文稿后,选中主标题占位符,在【开始】选项卡的【字体】组中单击【字体】下拉按钮,在弹出的下拉列表中选择【方正粗倩简体】选项,设置字号为【66】,如图9-21所示。

STEP 02 在【字体】组中单击【字体颜色】下拉按钮,在弹出的菜单中选择【蓝色】色块,如图9-22所示。

图 9-21 设置主标题字体

图 9-22 选择颜色

STEP 03 使用同样的方法设置副标题占位符中文本的字体为【华文宋体】,字号为【28】,字体颜色为【蓝色】,如图9-23所示。

STEP 04 分别选中主标题和副标题文本占位符,拖动鼠标调整其大小和位置,如图9-24所示。

图 9-23 设置副标题字体

图 9-24 调整文本占位符后的效果

9.3.3 设置段落格式

为了使演示文稿更加美观、清晰,还可以在幻灯片中为文本设置段落格式,如缩进值、间距值和对齐方式。

要设置段落格式,可先选定要设定的段落文本,然后使用【开始】选项卡的【段落】组中的相应按钮进行设置即可,如图9-25所示。

另外,用户还可在【开始】选项卡的【段落】组中单击对话框启动器按钮,打开【段落】对话框,在【段落】对话框中可对段落格式进行更加详细的设置,如图9-26所示。

189

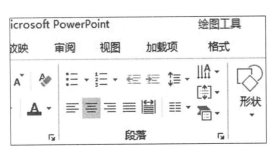

图 9-25 【段落】组　　　　　　　　　　　　图 9-26 【段落】对话框

9.3.4　添加项目符号和编号

在演示文稿中，为了使某些内容更为醒目，经常要用到项目符号和编号。这些项目符号和编号用于强调一些特别重要的观点或条目，从而使主题更加美观、突出、分明。

首先选中要添加项目符号或编号的文本，然后在【开始】选项卡的【段落】组中单击【项目符号】下拉按钮 ≡·，在弹出的下拉菜单中选择【项目符号和编号】命令，打开【项目符号和编号】对话框，在【项目符号】选项卡中可设置项目符号，在【编号】选项卡中可设置编号，如图 9-27 和 9-28 所示。

图 9-27 【项目符号】选项卡　　　　　　　图 9-28 【编号】选项卡

在 PowerPoint 2013 中设置段落格式、添加项目符号和编号以及自定义项目符号和编号的方法和 Word 2013 中的方法非常相似，因此本节不再详细举例介绍。

9.4　丰富幻灯片内容

幻灯片中若只有文本未免会显得单调，PowerPoint 2013 支持在幻灯片中插入各种多媒体元素，包括图片、艺术字、音频和视频等。

9.4.1　插入图片

在 PowerPoint 演示文稿中插入图片可以更生动形象地阐述其主题和要表达的思想。在插入图片时,要充分考虑幻灯片的主题,使图片和主题和谐一致。

1. 插入剪贴画

要插入剪贴画,可以在【插入】选项卡的【图像】组中单击【联机图片】按钮,打开【插入图片】对话框,然后在该对话框的【Office.com 剪贴画】搜索框中输入要查找的剪贴画关键字并按下 Enter 键,如图 9-29 所示。

接下来,在随后显示的剪贴画搜索结果中选中剪贴画并单击【插入】按钮,即可将其添加到幻灯片中,如图 9-30 所示。

图 9-29　查找关键字

图 9-30　选择剪贴画插入

2. 插入计算机中的图片

用户除了可以插入 PowerPoint 2013 附带的剪贴画之外,还可以插入计算机中存储的图片。这些图片可以是 BMP 位图,也可以是由其他应用程序创建的图片,或是从因特网下载的或通过扫描仪及数码相机输入的图片等。

打开【插入】选项卡,在【图像】组中单击【图片】按钮,打开【插入图片】对话框,选择需要的图片文件后,单击【插入】按钮,即可在幻灯片中插入图片。

【例 9-5】　在《服饰展示会》演示文稿中插入一张计算机中存储的图片。 视频+素材

STEP 01 打开《服饰展示会》演示文稿后,打开【插入】选项卡,然后在该选项卡的【图像】组中单击【图片】按钮,如图 9-31 所示。

STEP 02 在打开的【插入图片】对话框中选择需要插入的图片文件,单击【插入】按钮,将该图片插入到幻灯片中,如图 9-32 所示。

图 9-31　单击【图片】按钮

图 9-32　【插入图片】对话框

STEP 03 使用鼠标调整图片的大小和位置,效果如图 9-33 所示。

STEP 04 选中图片,打开【绘图工具】的【格式】选项卡,在【排列】组中单击【下移一层】按钮,选择【置于底层】命令,效果如图 9-34 所示。

图 9-33　调整图片后的效果　　　　　　　　图 9-34　排列图片

9.4.2　插入艺术字

艺术字是一种特殊的图形文字,常被用来表现幻灯片的标题文本。用户既可以像对普通文本一样设置其字号、加粗和倾斜等效果,也可以像对图形对象那样设置它的边框、填充等属性,还可以对其进行大小调整、旋转或添加阴影、三维效果等。

1. 添加艺术字

打开【插入】选项卡,在【文本】组中单击【艺术字】按钮,打开艺术字样式列表框。单击需要的样式,即可在幻灯片中插入艺术字。

【例 9-6】 在《服饰展示会》演示文稿中插入艺术字。 视频+素材

STEP 01 打开《服饰展示会》演示文稿后,在幻光灯预览窗格中选中第一张幻灯片,然后按下 Enter 键,添加一张空白幻灯片,如图 9-35 所示。

STEP 02 删除空白幻灯片中默认的主标题文本占位符,然后打开【插入】选项卡,在【文本】组中单【艺术字】按钮,在打开的艺术字样式列表框中选择一种艺术字样式,如图 9-36 所示。

图 9-35　添加幻灯片　　　　　　　　　　图 9-36　选择艺术字样式

STEP 03 在【请在此处放置您的文字】占位符中输入文本"1 紧跟时尚潮流",如图 9-37 所示。

STEP 04 使用鼠标调整艺术字的位置并设置其大小,效果如图 9-38 所示。

图 9-37　输入文本 1　　　　　　　　　图 9-38　调整艺术字后的效果

2. 编辑艺术字

　　用户在插入艺术字后,如果对艺术字的效果不满意,可以对其进行编辑修改。选中艺术字后,在【绘图工具】的【格式】选项卡中进行设置即可。

【例 9-7】 在《服饰展示会》演示文稿中编辑插入的艺术字。 视频+素材

STEP 01 打开《服饰展示会》演示文稿后,选中艺术字,在打开的【绘图工具】的【格式】选项卡的【艺术字样式】组中单击【文本效果】下拉按钮,在弹出的菜单中选择【阴影】|【外部】分类下的【向下偏移】选项,为艺术字应用该效果,如图 9-39 所示。

STEP 02 保持选中艺术字,再次单击【文本效果】下拉按钮,在弹出的菜单中选择【转换】|【弯曲】分类下的【正三角】选项,设置艺术字,如图 9-40 所示。

图 9-39　选择一种文本效果　　　　　　图 9-40　选择另一种文本效果

STEP 03 在副标题文本占位符中输入文本,然后在【开始】选项卡中设置文本的大小和位置,如图 9-41 所示。

STEP 04 选中副标题文本占位符,打开【绘图工具】的【格式】选项卡,在【艺术字样式】组中单击【其他】按钮,选择一种艺术字样式,如图 9-42 所示。

轻松学 电脑教程系列

图 9-41　输入文本 2　　　　　　　　图 9-42　选择艺术字样式

9.4.3　插入音频

　　要为演示文稿添加音频，可打开【插入】选项卡，在【媒体】组中单击【音频】下拉按钮，在弹出的菜单中选择相应的命令即可，如图 9-43 所示。

　　用户要在演示文稿中添加自己的计算机中存储的音频文件，可选择【PC 上的音频】命令，打开【插入音频】对话框，选中需要插入的音频文件，然后单击【插入】按钮即可，如图 9-44 所示。

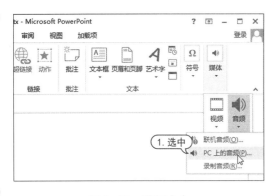

图 9-43　选择命令　　　　　　　　　图 9-44　【插入音频】对话框

　　插入音频文件后，在幻灯片中将显示声音控制图标 。

9.4.4　插入表格

　　使用 PowerPoint 制作一些专业型演示文稿时通常需要使用表格。表格采用行列化的形式，它与幻灯片页面文字相比，更能体现演示内容的对应性及内在的联系。

1.　直接插入表格

　　当需要在幻灯片中直接添加表格时，可以使用【表格】按钮插入或为该幻灯片选择含有内容的版式。

▽　当要插入表格的幻灯片没有应用包含内容的版式时，那么可以首先打开【插入】选项卡，在【表格】组中单击【表格】下拉按钮，在弹出菜单的【插入表格】选取区域中拖动鼠标选取列数

和行数,如图 9-45 所示;或者选择【插入表格】命令,打开【插入表格】对话框,在其中设置表格列数和行数。

▽ 若新幻灯片自动带有包含内容的版式,此时可在【单击此处添加文本】文本占位符中单击【插入表格】按钮,打开【插入表格】对话框,在其中设置列数和行数,如图 9-46 所示。

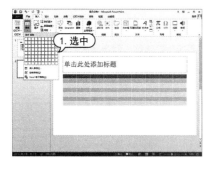

图 9-45　【插入表格】选取区域　　　　图 9-46　单击【插入表格】按钮

2. 手动绘制表格

当插入的表格并不是完全规则的时,也可以直接在幻灯片中绘制表格。绘制表格的方法很简单,打开【插入】选项卡,在【表格】组中单击【表格】下拉按钮,在弹出的菜单中选择【绘制表格】命令。当鼠标指针变为形状时,即可拖动鼠标在幻灯片中进行绘制,如图 9-47 所示。

3. 设置表格格式

对插入到幻灯片中的表格不仅可以像对文本框和占位符一样进行选中、移动、调整大小及删除操作,还可以为其添加底纹、设置边框样式和应用阴影效果等。插入表格后,自动打开【表格工具】的【设计】和【格式】选项卡,使用其中的相应按钮即可设置表格的对应属性,如图 9-48 所示。

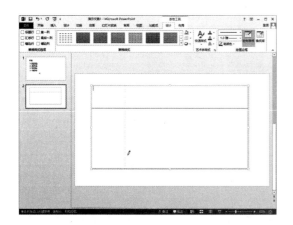

图 9-47　绘制表格　　　　图 9-48　【设计】和【格式】选项卡

【例 9-8】　在《服饰展示会》演示文稿中插入表格并设置其格式。　视频+素材

STEP 01　启动 PowerPoint 2013,打开《服饰展示会》演示文稿。

STEP 02　在幻灯片预览窗格中选中第 2 张幻灯片的缩略图,按下 Enter 键,即可添加一张空白幻灯片,然后删除该幻灯片默认的主标题文本占位符。

STEP 03 打开【插入】选项卡,在【表格】组中单击【表格】下拉按钮,在弹出的菜单中选择【插入表格】命令,如图 9-49 所示。

STEP 04 打开【插入表格】对话框,在【列数】和【行数】文本框中分别输入"6"和"5",单击【确定】按钮,插入表格,如图 9-50 所示。

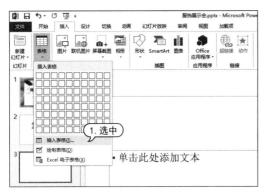

图 9-49 选择【插入表格】命令

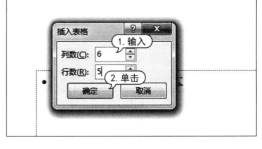

图 9-50 【插入表格】对话框

STEP 05 调整表格的大小和位置并输入文本,然后打开【表格工具】的【布局】选项卡,在【对齐方式】组中单击【居中】按钮和【垂直居中】按钮,效果如图 9-51 所示。

STEP 06 选定表格,打开【表格工具】的【设计】选项卡,在【表格样式】组中单击【其他】按钮,在打开的表格样式列表框中选择【中度样式 1－强调 6】选项,为表格设置样式,如图 9-52 所示。

图 9-51 居中对齐效果

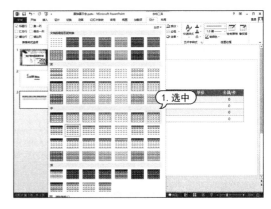

图 9-52 选择表格样式

实用技巧

用户还可以对表格中的单元格进行编辑,如拆分、合并、添加行、添加列、设置行高和列宽等,与在其他 Office 组件中编辑表格的方法一样。

9.4.5 插入 SmartArt 图形

在制作演示文稿时经常需要制作流程图,用以说明各种概念性内容。PowerPoint 2013 提供了多种 SmartArt 图形类型,如流程、层次结构等。使用 SmartArt 图形功能可以在幻灯片中快速地插入 SmartArt 图形。

【例 9-9】 在《服饰展示会》演示文稿中插入 SmartArt 图形并设置其格式。 视频+素材

STEP 01 启动 PowerPoint 2013,打开《服饰展示会》演示文稿。

STEP 02 在幻灯片预览窗格中选中第 3 张幻灯片,按下 Enter 键,即可添加一张空白幻灯片,然后删除该幻灯片中默认的主标题文本占位符。

STEP 03 打开【插入】选项卡,在【插图】组中单击【SmartArt】按钮,打开【选择 SmartArt 图形】对话框,如图 9-53 所示。

STEP 04 打开【层次结构】选项卡,选择【水平多层层次结构】选项,单击【确定】按钮,即可插入该 SmartArt 图形,如图 9-54 所示。

图 9-53 单击【SmartArt】按钮

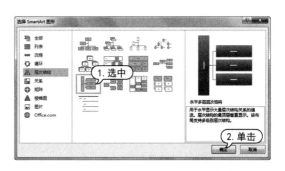

图 9-54 【选择 SmartArt 图形】对话框

STEP 05 调节 SmartArt 图形的大小和位置并在图形中的文本框中输入文本。

STEP 06 选中 SmartArt 图形,打开【SmartArt 工具】的【设计】选项卡,在【SmartArt 样式】组中单击【其他】按钮，在打开的 SmartArt 样式列表框中选择【鸟瞰场景】选项,如图 9-55 所示。

STEP 07 在【SmartArt 样式】组中单击【更改颜色】下拉按钮,在弹出的菜单中选择一种强调颜色选项,快速设置 SmartArt 样式,如图 9-56 所示。

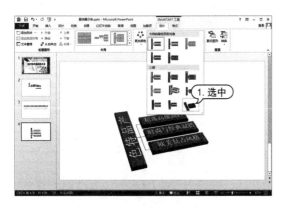

图 9-55 选择 SmartArt 样式

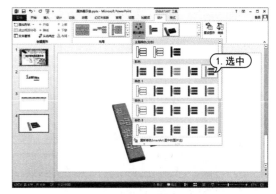

图 9-56 选择强调颜色

STEP 08 选中竖排的文本,打开【开始】选项卡,在【段落】组中单击【文字方向】下拉按钮,在弹出的菜单中选择【所有文字旋转 90°】选项,如图 9-57 所示。

STEP 09 调整 SmartArt 图形的大小和位置,效果如图 9-58 所示。

STEP 10 在快速访问工具栏中单击【保存】按钮，将《服饰展示会》演示文稿保存。

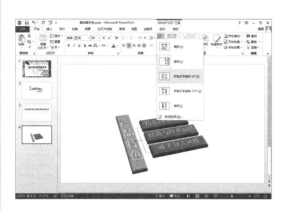

图 9-57　选择文字方向

图 9-58　调整图形大小和位置后的效果

实用技巧

　　打开【SmartArt 工具】的【设计】选项卡，在【创建图形】组中单击【添加形状】按钮，可以为 SmartArt 图形添加形状。

9.5　案例演练

　　本章的案例演练通过在《销售业绩报告》演示文稿中插入 SmartArt 图形这个实例操作，使用户通过练习可以巩固本章所学知识。

【例 9-10】 在《销售业绩报告》演示文稿中插入 SmartArt 图形并进行设置。 视频+素材

STEP 01 启动 PowerPoint 2013，打开《销售业绩报告》演示文稿，新建一张幻灯片，将其显示在幻灯片编辑窗口中，如图 9-59 所示。

STEP 02 在【单击此处添加标题】占位符中输入文本，设置其字体为【华文新魏】，字号为【44】，字体颜色为【白色】，对齐方式为【居中】，如图 9-60 所示。

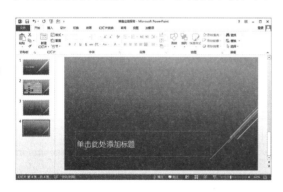

图 9-59　新建幻灯片

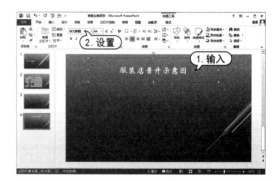

图 9-60　输入并设置文本

STEP 03 打开【插入】选项卡，在【插图】组中单击【SmartArt】按钮，打开【选择 SmartArt 图形】对话框，打开【流程】选项卡，选择【基本蛇形流程】选项，单击【确定】按钮，如图 9-61 所示。

STEP 04 此时即可在幻灯片中插入该 SmartArt 图形，在图形中的文本框中输入文本，并拖动鼠标调整图形大小和位置，如图 9-62 所示。

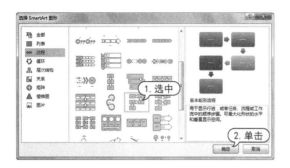

图 9-61　【选择 SmartArt 图形】对话框

图 9-62　输入文本

STEP 05 在幻灯片预览窗格中选中第 4 张幻灯片的缩略图,使幻灯片显示在幻灯片编辑窗口中,选中【一级店员】形状,打开【SmartArt 工具】的【设计】选项卡,在【创建图形】组中单击【添加形状】下拉按钮,在弹出的下拉菜单中选择【在后面添加形状】命令,如图 9-63 所示。

STEP 06 在新建的形状文本框中输入文本,如图 9-64 所示。

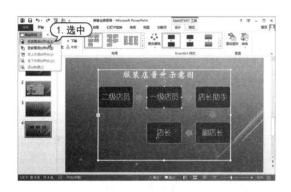

图 9-63　选择【在后面添加形状】命令

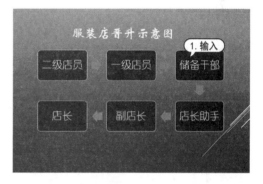

图 9-64　输入文本

STEP 07 选中 SmartArt 图形,在【设计】选项卡的【SmartArt 样式】组中单击【更改颜色】下拉按钮,在弹出菜单的【主题颜色】选项区域中选择第 2 行第 5 列的色块,如图 9-65 所示。

STEP 08 选中 SmartArt 图形,在【设计】选项卡的在【布局】组中单击【其他】按钮,在弹出的菜单中选择【其他布局】命令,如图 9-66 所示。

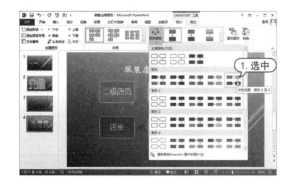

图 9-65　选择颜色

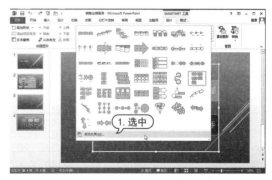

图 9-66　选择【其他布局】命令

STEP 09 打开【选择 SmartArt 图形】对话框,在【流程】选项卡的列表框中选择【连续块状流程】选项,单击【确定】按钮,如图 9-67 所示。

STEP 10 返回到幻灯片编辑窗口,即可查看更改布局后的效果,如图 9-68 所示。

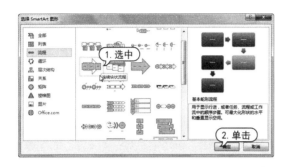

图 9-67 【选择 SmartArt 图形】对话框

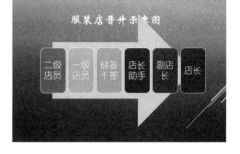

图 9-68 更改布局后的效果

STEP 11 选中 SmartArt 图形的所有形状,打开【SmartArt 工具】的【格式】选项卡,在【大小】组的【高度】和【宽度】微调框中分别输入"5.3 厘米"和"2 厘米",调节形状的高度和宽度,效果如图 9-69 所示。

STEP 12 选中【店长】形状,在【格式】选项卡的【形状】组中单击【更改形状】下拉按钮,在弹出的菜单中选择【六边形】选项,更改形状,然后对其他形状也进行设置,最后效果如图 9-70 所示。

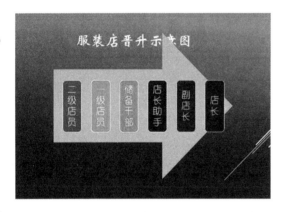

图 9-69 改变形状高度和宽度后的效果

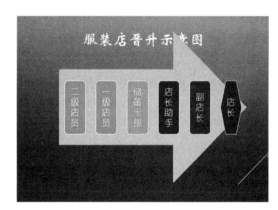

图 9-70 设置形状

第 10 章

幻灯片版面和动画设计

在使用 PowerPoint 2013 制作幻灯片时，为幻灯片设置母版可使整个演示文稿保持一个统一的风格；为幻灯片添加动画效果，可使幻灯片更加生动形象。本章将详细介绍幻灯片版面设计和动画设计的相关操作内容。

对应的光盘视频

10.1 设置幻灯片母版

幻灯片母版决定着幻灯片的外观,用于设置幻灯片的标题、正文文字等样式,包括字体、字号、字体颜色以及阴影等效果;也可以设置幻灯片的背景对象、页眉和页脚等内容。

10.1.1 幻灯片母版类型

PowerPoint 2013 中的母版类型分为幻灯片母版、讲义母版和备注母版 3 种类型,不同类型母版的作用和视图都是不相同的。

1. 幻灯片母版

幻灯片母版是存储关于模板信息的设计模板的一个元素。模板信息包括字形、占位符大小和位置、背景设计和配色方案。用户通过更改这些信息,即可更改整个演示文稿中幻灯片的外观。

打开【视图】选项卡,在【母版视图】组中单击【幻灯片母版】按钮,即可打开幻灯片母版视图,如图 10-1 所示。

> **实用技巧**
>
> 在幻灯片母版视图下,用户可以看到如标题占位符、副标题占位符、页脚占位符等区域。这些占位符的位置及属性决定了应用该母版的幻灯片的外观属性。当改变了母版占位符的属性后,所有应用该母版的幻灯片的属性也将随之改变。

图 10-1 打开幻灯片母版视图

2. 讲义母版

讲义母版是为制作讲义而准备的,由于讲义通常需要打印输出,因此讲义母版的设置大多和打印页面有关。它允许设置一页讲义中包含几张幻灯片,还可以设置页眉、页脚、页码等基本信息。在讲义母版中插入新的对象或者更改版式时,新的页面效果不会反映在其他母版视图中。

打开【视图】选项卡,在【母版视图】组中单击【讲义母版】按钮,即可打开讲义母版视图。此时功能区自动打开【讲义母版】选项卡,如图 10-2 所示。

3. 备注母版

备注母版主要用来设置幻灯片的备注格式,备注一般也是用于打印输出的,所以备注母版的设置大多也和打印页面有关。打开【视图】选项卡,在【母版视图】组中单击【备注母版】按钮,即可切换到备注母版视图,如图 10-3 所示。

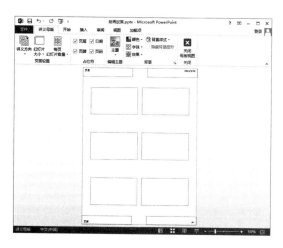

图 10-2　打开讲义母版视图

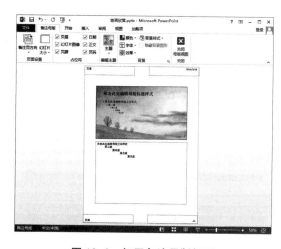

图 10-3　打开备注母版视图

🔍 **10.1.2　设置母版版式**

在 PowerPoint 2013 中创建的演示文稿都带有默认的版式,这些版式一方面决定了占位
符、文本框、图片和图表等内容在幻灯片中的位置,另一方面决定了幻灯片中文本的样式。因
此,用户可以按照自己的需求修改母版版式。

📌**【例 10-1】** 设置幻灯片母版中的字体格式,并调整母版中的背景图片样式。🎬视频+素材

STEP 01 在 PowerPoint 2013 中新建一个空白演示文稿,然后将其以"我的模板"为名保存,如
图 10-4 所示。

STEP 02 选中第一张幻灯片,按 4 次 Enter 键,插入 4 张新幻灯片,如图 10-5 所示。

STEP 03 打开【视图】选项卡,在【母版视图】组中单击【幻灯片母版】按钮,切换到幻灯片母版视
图,如图 10-6 所示。

STEP 04 选中【单击此处编辑母版标题样式】占位符,选择【开始】选项卡,在【字体】组中设置字
体为【华文行楷】,字号为【60】,字体颜色为【黑色】,如图 10-7 所示。

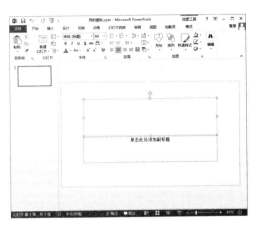

图 10-4　新建演示文稿

图 10-5　插入新幻灯片

图 10-6　切换到幻灯片母版视图

图 10-7　设置字体

STEP 05 选中【单击此处编辑母版文本样式】占位符,在【字体】组中设置字体为【宋体】,字号为【28】,字体颜色为【蓝色】,如图 10-8 所示。

STEP 06 在幻灯片预览窗格中选中第 3 张幻灯片,使该幻灯片母版显示在幻灯片编辑窗口,如图 10-9 所示。

图 10-8　设置字体

图 10-9　选择第 3 张幻灯片

STEP 07 打开【插入】选项卡,在【图像】组中单击【图片】按钮,打开【插入图片】对话框,选择要插入幻灯片中的图片文件后,单击【插入】按钮,如图 10-10 所示。

STEP 08 此时,在幻灯片中插入图片并打开【图片工具】的【格式】选项卡,调整图片的大小和位置,然后在【排列】组中单击【下移一层】下拉按钮,选择【置于底层】命令,如图 10-11 所示。

STEP 09 打开【幻灯片母版】选项卡,在【关闭】组中单击【关闭母版视图】按钮,返回到普通视图中,如图 10-12 所示。

STEP 10 此时,除第 1 张幻灯片外,其他幻灯片中都自动带有添加的图片,如图 10-13 所示。

STEP 11 在快速访问工具栏中单击【保存】按钮,保存创建的《我的模板》演示文稿。

图 10-10 【插入图片】对话框

图 10-11 选择【置于底层】命令

图 10-12 单击【关闭母版视图】按钮

图 10-13 幻灯片显示效果

实用技巧

无论在幻灯片母版视图、讲义母版视图还是备注母版视图中,要返回到普通视图中时,只需要在默认打开的视图选项卡中单击【关闭母版视图】按钮即可。

10.1.3 设置页眉和页脚

在制作幻灯片时,使用 PowerPoint 提供的页眉和页脚功能,可以为每张幻灯片添加相对固定的信息。

要插入页眉和页脚,只需在【插入】选项卡的【文本】组中单击【页眉和页脚】按钮,打开【页眉和页脚】对话框,在其中进行相关操作即可。

【例 10-2】 在《我的模板》演示文稿中插入页脚并设置其格式。 **视频+素材**

STEP 01 启动 PowerPoint 2013,打开《我的模板》演示文档,打开【插入】选项卡,在【文本】组中单击【页眉和页脚】按钮,如图 10-14 所示。

STEP 02 打开【页眉和页脚】对话框,在【幻灯片】选项卡中选中【日期和时间】、【幻灯片编号】、【页脚】、【标题幻灯片中不显示】复选框,并在【页脚】文本框中输入"由 wo 制作",单击【全部应用】按钮,为除第 1 张幻灯片以外的幻灯片添加页脚,如图 10-15 所示。

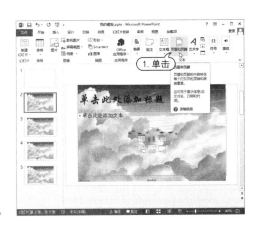

图 10-14　单击【页眉和页脚】按钮

图 10-15　【页眉和页脚】对话框

STEP 03 打开【视图】选项卡,在【母版视图】组中单击【幻灯片母版】按钮,切换到幻灯片母版视图,在幻灯片预览窗格中选中第 1 张幻灯片,使其显示在幻灯片编辑窗口,选中所有的页脚文本框,设置文本的字体为【隶属】,字号为【20】,字体颜色为【红色】,如图 10-16 所示。

STEP 04 打开【幻灯片母版】选项卡,在【关闭】组中单击【关闭母版视图】按钮,返回到普通视图中,如图 10-17 所示。

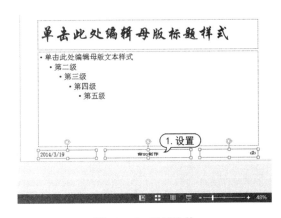

图 10-16　设置字体

图 10-17　单击【关闭母版视图】按钮

10.2　设置幻灯片主题和背景

PowerPoint 2013 提供了多种主题颜色和背景样式,使用这些主题颜色和背景样式可以使幻灯片具有丰富的色彩和良好的视觉效果。

10.2.1　使用内置主题

PowerPoint 2013 提供了几十种内置的主题,使用这些内置主题,可以快速统一演示文稿的外观,如图 10-18 所示。

在同一个演示文稿中应用多种主题与应用单个主题的方法类似,打开【设计】选项卡,在【主题】组单击【其他】按钮 ,在弹出的列表框中选择一种主题,即可将其应用于单个演示文稿中,然后选择要应用另一主题的幻灯片,在【设计】选项卡的【主题】组中单击【其他】按钮 ,在弹出的列表框中右击所需的主题,在弹出的快捷菜单中选择【应用于选定幻灯片】命令,此时将其将应用于所选中的幻灯片,如图 10-19 所示。

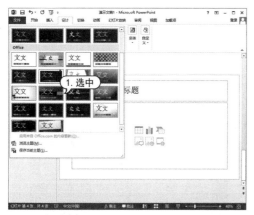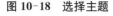

图 10-18　选择主题　　　　图 10-19　选择【应用于选定幻灯片】命令

10.2.2　设置主题颜色

PowerPoint 为每种设计模板提供了几十种内置的主题颜色,用户可以根据需要选择不同的颜色来设计演示文稿。这些颜色是预先设置好的协调色,自动应用于幻灯片的背景、文本线条、阴影、标题文本、填充、强调和超链接。

应用设计模板后,打开【设计】选项卡,单击【变体】组中的【颜色】按钮,将打开主题颜色菜单,用户可以选择内置主题颜色或者自定义主题颜色。

【例 10-3】 设置新建演示文稿的主题颜色。 🎬视频+素材

STEP 01 启动 PowerPoint 2013,使用模板新建一个演示文稿,如图 10-20。

STEP 02 选择【设计】选项卡,在【变体】组中单击【颜色】按钮,然后在打开的主题颜色菜单中选择【橙色】选项,自动为幻灯片应用该主题颜色,如图 10-21 所示。

STEP 03 此时,演示文稿的主题颜色效果如图 10-22 所示。

STEP 04 在【变体】组中单击【颜色】下拉按钮,在弹出的主题颜色菜单中选择【自定义颜色】命令,如图 10-23 所示。

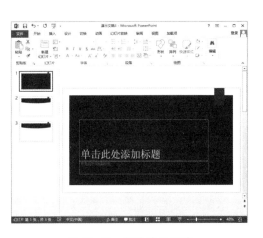

图 10-20　新建演示文稿

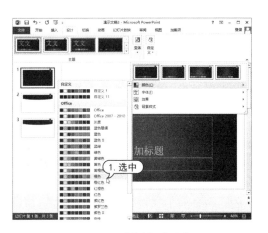

图 10-21　选择【橙色】选项

STEP 05 在打开的【新建主题颜色】对话框中设置主题的颜色参数,在【名称】文本框中输入"自定义主题颜色",然后单击【保存】按钮,如图 10-24 所示。

STEP 06 设置的自定义主题颜色将自动应用于当前幻灯片中,在快速访问工具栏中单击【保存】按钮,将幻灯片以"我的相册"为名保存,如图 10-25 所示。

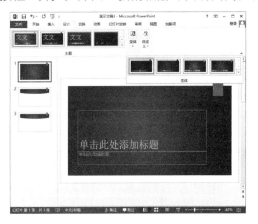

图 10-22　主题颜色效果

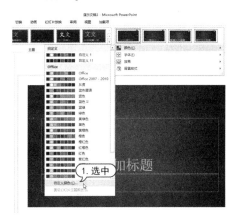

图 10-23　选择【自定义颜色】命令

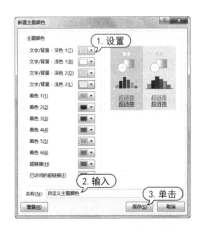

图 10-24　【新建主题颜色】对话框

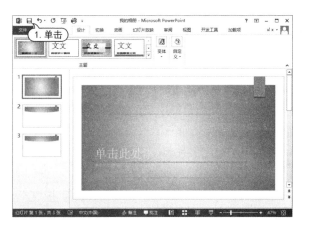

图 10-25　保存文档

10.2.3　设置幻灯片背景

在设计演示文稿时,用户除了可以在应用设计模板或改变主题颜色时更改幻灯片的背景外,还可以根据需要任意更改幻灯片的背景颜色和背景设计,如添加底纹、图案、纹理或图片等。

【例 10-4】 新建演示文稿,设置幻灯片背景填充和背景图片。(视频+素材)

STEP 01 启动 PowerPoint 2013,新建一个空白演示文稿,如图 10-26 所示。

STEP 02 打开【设计】选项卡,在【自定义】组中单击【设置背景格式】按钮,打开【设置背景格式】窗格,如图 10-27 所示。

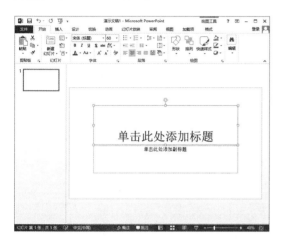

图 10-26　新建演示文稿　　　　　　图 10-27　打开【设置背景格式】窗格

STEP 03 在【设置背景格式】窗格中的【填充】选项区域中选中【图案填充】单选按钮,然后在【图案】选项区域中选中一种图案并单击【前景】下拉按钮🎨▾,在弹出的颜色列表框中选择【蓝色】选项,单击【全部应用】按钮,如图 10-28 所示。

STEP 04 此时,幻灯片的背景效果将如图 10-29 所示。

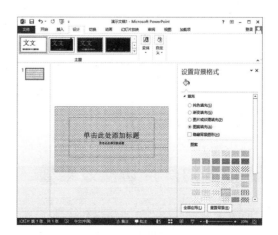

图 10-28　选择填充图案　　　　　　图 10-29　背景显示效果

STEP 05 在窗口左侧的幻灯片预览窗格中选中第 1 张幻灯片,然后按下 Enter 键,插入一张空

轻松学 电脑教程系列

白幻灯片,如图 10-30 所示。

STEP 06 在幻灯片预览窗格中选中第 2 张幻灯片,然后在【设置背景格式】窗格中的【填充】选项区域选中【图片或纹理填充】单选按钮,然后单击【文件】按钮,如图 10-31 所示。

图 10-30 插入新幻灯片

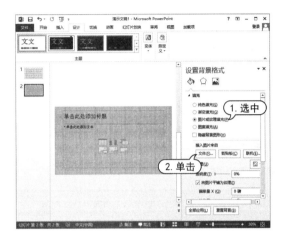

图 10-31 单击【文件】按钮

STEP 07 在打开的【插入图片】对话框中选中一个图片文件后,单击【插入】按钮,如图 10-32 所示。

STEP 08 此时,将为第 2 张幻灯片设置背景效果。在快速访问工具栏中单击【保存】按钮,将幻灯片以"旅游图册"为名保存,如图 10-33 所示。

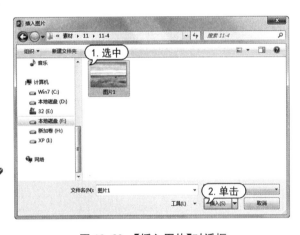

图 10-32 【插入图片】对话框

图 10-33 保存文档

10.3 设置幻灯片切换效果

幻灯片切换效果是指一张幻灯片如何从屏幕上消失,以及另一张幻灯片如何显示在屏幕上的方式。在 PowerPoint 2013 中,可以为一组幻灯片设置同一种切换效果,也可以为每张幻灯片设置不同的切换效果。

10.3.1 添加切换效果

要为幻灯片添加切换效果,可以打开【切换】选项卡,在【切换到此幻灯片】组中进行设置。在该组中单击【其他】按钮，将打开切换效果列表框。当鼠标指针指向某个选项时,幻灯片将应用该效果,供用户预览。

【例 10-5】 在《插画欣赏》演示文稿中为幻灯片添加切换效果。 视频+素材

STEP 01 启动 PowerPoint 2013,打开《插画欣赏》演示文稿,选择【切换】选项卡,在【切换到此幻灯片】组中单击【其他】按钮,如图 10-34 所示。

STEP 02 在弹出的切换效果列表框中选择【帘式】选项,此时切换效果将应用到第 1 张幻灯片中,并可预览切换效果,如图 10-35 所示。

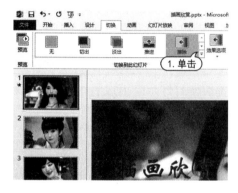

图 10-34 单击【其他】按钮

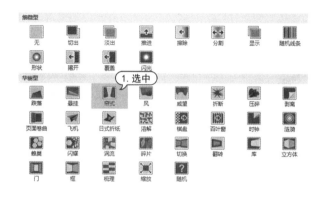

图 10-35 选择【帘式】选项

STEP 03 在窗口左侧的幻灯片预览窗格中选中第 2 至第 5 张幻灯片,然后在【切换到此幻灯片】组中为这些幻灯片添加【涟漪】效果,如图 10-36 所示。

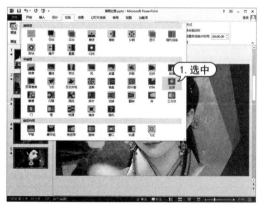

图 10-36 添加【涟漪】效果

STEP 04 在【切换到此幻灯片】组中单击【效果选项】下拉按钮,在弹出的菜单中选中【从右上部】选项,如图 10-37 所示。

STEP 05 此时,第 2 至第 5 张幻灯片将添加切换效果,如图 10-38 所示。

轻松学 电脑教程系列

图 10-37　选中【从右上部】选项　　　　图 10-38　预览切换效果

10.3.2　设置切换效果选项

添加切换效果后,还可以对切换效果进行设置,如设置切换幻灯片时出现的声音效果、持续时间和换片方式等,从而使幻灯片的切换效果更为逼真。

比如要设置切换幻灯片的声音和持续时间,可以先打开演示文稿,选择【切换】选项卡,在【计时】选项组中选择【声音】下拉列表中的【照相机】选项,如图 10-39 所示。在【计时】组的【持续时间】微调框中输入"01.20",为幻灯片设置切换效果的持续时间,单击【全部应用】按钮即可完成设置,如图 10-40 所示。

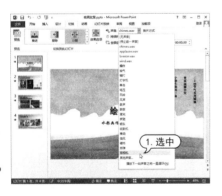

图 10-39　选择【照相机】选项　　　　图 10-40　设置持续时间

10.4　添加对象动画效果

在 PowerPoint 2013 中,除了可以设置幻灯片的切换效果外,还可以添加幻灯片的动画效果。所谓动画效果,是指为幻灯片内部各个对象设置的动画效果。用户可以为幻灯片中的文本、图形、表格等对象添加不同的动画效果,如进入动画、强调动画、退出动画和动作路径动画等。

10.4.1　添加进入动画效果

进入动画是设置文本或其他对象如何进入放映屏幕的动画效果。在添加该动画效果之前需要选中要添加进入动画效果的对象。对于占位符或文本框来说，选中占位符、文本框以及进入文本编辑状态时，都可以为它们添加该动画效果。

选中对象后，打开【动画】选项卡，单击【动画】组中的【其他】按钮，在弹出菜单的【进入】选项区域中选择一种进入效果，即可为对象添加该动画效果，如图 10-41 所示。

在弹出菜单中选择【更多进入效果】命令，将打开【更改进入效果】对话框，在该对话框中可以选择更多的进入动画效果，如图 10-42 所示。

图 10-41　选择进入效果　　　　图 10-42　【更改进入效果】对话框

另外，在【高级动画】组中单击【添加动画】按钮，同样可以在弹出菜单的【进入】选项区域中选择内置的进入动画效果，如图 10-43 所示。

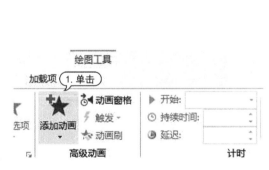 

图 10-43　【进入】选项区域

10.4.2　添加强调动画效果

强调动画是为了突出幻灯片中的某部分内容而设置的特殊动画效果。添加强调动画效果的步骤和添加进入动画效果的步骤大体相同，选中要添加强调动画效果的对象后，在【动画】组中单击【其他】按钮，在弹出菜单的【强调】选项区域中选择一种强调效果，即可为对象添加该动画效果。

在弹出菜单中选择【更多强调效果】命令，将打开【更改强调效果】对话框，在该对话框中可以选择更多的强调动画效果，如图 10-44 所示。

另外，在【高级动画】组中单击【添加动画】按钮，同样可以在弹出菜单的【强调】选项区域中选择一种强调动画效果。若选择【更多强调效果】命令，则打开【添加强调效果】对话框，在该对话框中同样可以选择更多的强调动画效果，如图 10-45 所示。

图 10-44 【更改强调效果】对话框   图 10-45 【添加强调效果】对话框

 10.4.3 添加退出动画效果

退出动画是设置幻灯片中的对象如何退出屏幕的动画效果。添加退出动画效果的步骤和添加进入和强调动画效果的步骤大体相同，选中需要添加退出动画效果的对象，在【高级动画】组中单击【添加动画】按钮，在弹出菜单的【退出】选项区域中选择一种退出动画效果即可。若选择【更多退出效果】命令，则打开【添加退出效果】对话框，在该对话框中可以选择更多的退出动画效果，如图 10-46 所示。

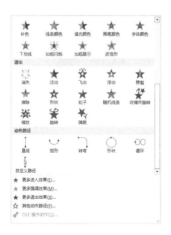

图 10-46 设置退出动画效果

 10.4.4 添加动作路径动画效果

动作路径动画又称为路径动画，可以指定文本等对象沿预定的路径运动。PowerPoint

2013 中的动作路径动画不仅提供了大量预设路径效果，还可以由用户自定义路径动画效果。

　　添加动作路径动画效果的步骤与添加进入动画效果的步骤基本相同，在【动画】组中单击【其他】按钮，在弹出菜单的【动作路径】选项区域选择一种动作路径效果，即可为选中的对象添加该动画效果。若选择【其他动作路径】命令，则打开【更改动作路径】对话框，可以选择更多的动作路径效果，如图 10-47 所示。

　　另外，在【高级动画】组单击【添加动画】按钮，在弹出菜单的【动作路径】选项区域中同样可以选择一种动作路径效果。若选择【其他动作路径】命令，则打开【添加动作路径】对话框，同样可以选择更多的动作路径效果，如图 10-48 所示。

图 10-47　【更改动作路径】对话框　　　图 10-48　【添加动作路径】对话框

【例 10-6】 在《插画欣赏》演示文稿中为对象添加动画效果。📹视频+素材

STEP 01 启动 PowerPoint 2013，打开《插画欣赏》演示文稿，然后在第 1 张幻灯片中选中标题文本占位符，如图 10-49 所示。

STEP 02 打开【动画】选项卡，在【动画】组中单击【其他】按钮，在弹出菜单的【进入】选项区域中选择【缩放】选项，如图10-50 所示。

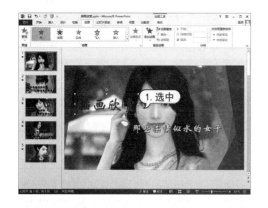

图 10-49　选中标题占位符　　　　　　　图 10-50　选择【缩放】选项

STEP 03 选中副标题文本占位符,在【高级动画】组中单击【添加动画】按钮,在弹出菜单的【强调】选项区域中选择【放大/缩小】选项,为该占位符应用强调动画效果,如图 10-51 所示。

STEP 04 选中第 2 张幻灯片中的两个文本框,在【动画】组中单击【其他】按钮▼,在弹出菜单的【动作路径】选项区域中选择【循环】选项,应用动作路径动画效果,如图 10-52 所示。

STEP 05 在【动画】组中单击【效果选项】按钮,在弹出的菜单中选择【垂直数字】选项,更改动作路径动画效果,如图 10-53 所示。

STEP 06 使用同样的方法为幻灯片中的其他对象添加动画效果,完成后在快速访问工具栏中单击【保存】按钮🖫,如图 10-54 所示。

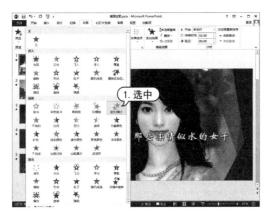

图 10-51 选择【放大/缩小】选项

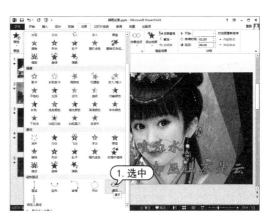

图 10-52 选择【循环】选项

图 10-53 选择【垂直数字】选项

图 10-54 添加动画效果

10.5 动画效果高级设置

PowerPoint 2013 新增了动画效果高级设置功能,如设置动画触发器、使用动画刷复制动画、设置动画计时等选项,可以使整个演示文稿更为美观,让幻灯片中的各个动画的衔接更为合理。

10.5.1　设置动画触发器

在幻灯片放映时,使用触发器功能,可以在单击幻灯片中的对象时显示动画效果。下面将以具体实例来介绍设置动画触发器的方法。

【例 10-7】 在《插画欣赏》演示文稿中设置动画触发器。📹视频+素材

STEP 01 启动 PowerPoint 2013 后打开《插画欣赏》演示文稿,然后打开【动画】选项卡,在【高级动画】组中单击【动画窗格】按钮,在打开的【动画窗格】任务窗格中选中编号为 2 的动画效果,在【高级动画】组中单击【触发】下拉按钮 触发▼,从弹出的菜单中选择【单击】选项,在弹出的子菜单中选择【矩形 1】选项,如图 10-55 所示。

STEP 02 此时,矩形 1 对象上产生动画的触发器,并在【动画窗格】任务窗格中显示所设置的触发器。当播放幻灯片时,将鼠标指针指向该触发器并单击,将显示既定的动画效果,如图 10-56 所示。

STEP 03 在快速访问工具栏中单击【保存】按钮🖫,保存《插画欣赏》演示文稿。

图 10-55　选择【矩形 1】选项

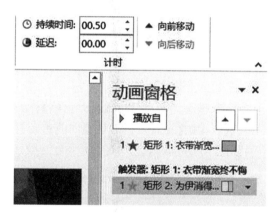

图 10-56　显示触发器

 10.5.2　设置动画计时选项

为对象添加了动画效果后,还需要设置动画计时选项,如开始时间、持续时间、延迟时间等。

默认设置的动画效果在幻灯片放映屏幕中持续播放的时间只有几秒钟,而且需要单击鼠标时才会开始播放下一个动画。如果默认的动画效果不能满足用户实际需求,则可以通过【动画设置】对话框的【计时】选项卡进行动画计时选项的设置。

【例 10-8】 在《插画欣赏》演示文稿中设置动画计时选项。📹视频+素材

STEP 01 启动 PowerPoint 2013 后打开《插画欣赏》演示文稿,选中第 4 张幻灯片,然后打开【动画】选项卡,在【高级动画】组中单击【动画窗格】按钮,显示【动画窗格】任务窗格,如图 10-57 所示。

STEP 02 在【动画窗格】任务窗格中选中编号为 2 的动画效果,在【计时】组中的【开始】下拉列表中选择【上一动画之后】选项,如图 10-58 所示。

图 10-57 单击【动画窗格】按钮

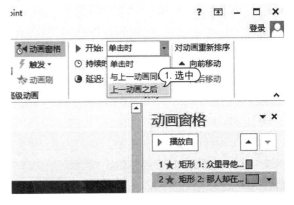

图 10-58 选择【上一动画之后】选项

STEP 03 此时,两个动画效果将合并为一个动画效果,编号为 2 的动画将在编号为 1 的动画播放完后自动开始播放,无须单击鼠标。

10.5.3 设置重新排序动画

当一张幻灯片中设置了多个动画对象时,用户可以根据自己的需求重新排序动画,即调整各动画出现的顺序。

要重新排序动画,可打开【动画窗格】任务窗格,单击选中要调整顺序的动画选项,然后在【动画】选项卡的【计时】组中单击【向前移动】按钮,可向前移动;单击【向后移动】按钮,可向后移动,如图 10-59 所示。

另外,在【动画窗格】任务窗格中选中动画,单击 按钮,即可将该动画向后移动一位;单击 按钮,可将该动画向前移动一位;如图 10-60 所示。

图 10-59 单击【向前移动】按钮

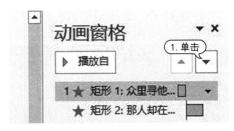

图 10-60 单击 按钮

10.6 案例演练

本章的案例演练通过设计演示文稿动画效果这个实例操作,使用户通过练习可以巩固本章所学知识。

【例 10-9】 在《幼儿数学教学》演示文稿中设计动画效果。 视频+素材

STEP 01 启动 PowerPoint 2013,打开《幼儿数学教学》演示文稿,在第一张幻灯片中选中标题文本占位符,打开【切换】选项卡,在【切换到此幻灯片】组中单击【其他】按钮 ,在弹出菜单的【华

丽型】选项区域中选择【涟漪】选项,如图 10-61 所示。

STEP 02　此时即可将【涟漪】切换效果应用到第 1 张幻灯片中,并自动放映该切换效果,如图 10-62 所示。

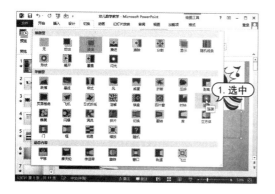

图 10-61　选择【涟漪】选项

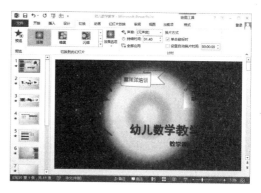

图 10-62　放映切换效果

STEP 03　在【计时】组的【声音】下拉列表中选择【风声】选项,选中【换片方式】选项区域中的所有复选框,并设置自动换片时间为【01:00.00】,然后单击【全部应用】按钮,如图 10-63 所示。

STEP 04　单击状态栏中的【幻灯片浏览】按钮，切换至幻灯片浏览视图,在幻灯片图片下方显示切换效果图标和自动切片时间,如图 10-64 所示。

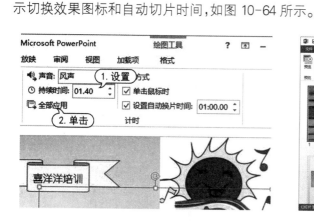

图 10-63　设置声音

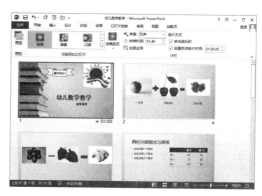

图 10-64　切换至幻灯片浏览视图

STEP 05　使用同样的方法切换至普通视图,在打开的第 1 张幻灯片中选中标题文本占位符,打开【动画】选项卡,在【动画】组中单击【其他】按钮，在弹出菜单的【进入】选项区域中选择【翻转式由远及近】选项,为标题文本占位符应用该进入动画效果,如图 10-65 所示。

STEP 06　此时,应用了【翻转式由远及近】进入效果的标题效果如图 10-66 所示。

STEP 07　选中副标题文本占位符,在【高级动画】组中单击【添加动画】按钮,在弹出菜单的【强调】选项区域中选择【陀螺旋】选项,为副标题文本占位符应用该强调动画效果,如图 10-67 所示。

STEP 08　此时,应用了【陀螺旋】强调效果的副标题效果如图 10-68 所示。

STEP 09　选中自选图形中的文本"喜洋洋培训",在【动画】组中单击【其他】按钮，在弹出的菜单中选择【更多进入效果】命令,如图 10-69 所示。

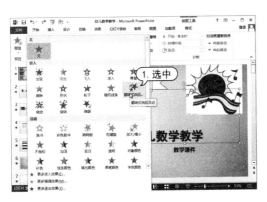

图 10-65 选择【翻转式由远及近】选项

图 10-66 预览进入动画效果

图 10-67 选择【陀螺旋】选项

图 10-68 预览强调动画效果

STEP ⑩ 打开【更多进入效果】对话框,选择【展开】选项,为自选图形中的文本添加该进入效果,如图 10-70 所示。

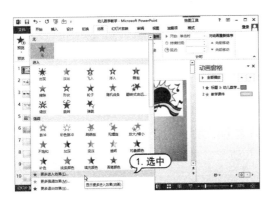

图 10-69 选择【更多进入效果】命令

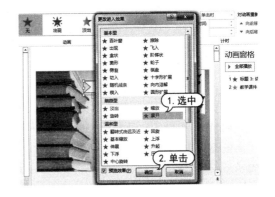

图 10-70 选择【展开】选项

STEP ⑪ 此时第 1 张幻灯片中添加了动画效果的对象前将被标注上编号,如图 10-71 所示。

STEP ⑫ 在【高级动画】组中单击【动画窗格】按钮,打开【动画窗格】任务窗格,如图 10-72 所示。

STEP ⑬ 选中第 2 个动画并右击,在弹出的快捷菜单中选择【从上一项之后开始】命令,设置开始播放顺序,如图 10-73 所示。

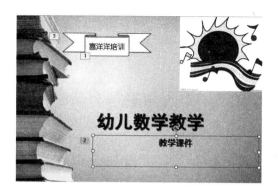

图 10-71　标注上编号

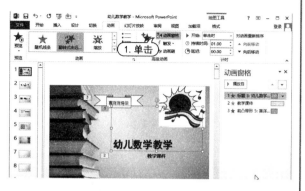

图 10-72　单击【动画窗格】按钮

STEP 14 使用同样的方法设置下面的动画播放顺序,如图 10-74 所示。

图 10-73　选择【从上一项之后开始】命令

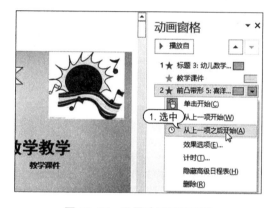

图 10-74　设置动画播放顺序

STEP 15 在幻灯片预览窗格中选择第 2 张幻灯片,使其显示在幻灯片编辑窗口中,选中苹果图片,在【动画】选项卡的【动画】组中单击【其他】按钮 ,在弹出菜单的【进入】选项区域中选择【浮入】选项,如图 10-75 所示。

STEP 16 选中艺术字"一个苹果",在【动画】组中单击【其他】按钮 ,在弹出菜单的【进入】选项区域中选择【弹跳】选项,如图 10-76 所示。

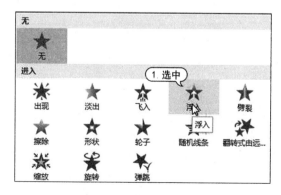

图 10-75　选择【浮入】选项

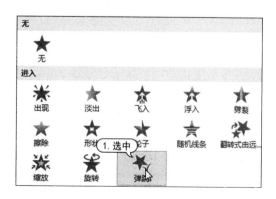

图 10-76　选择【弹跳】选项

轻松学 电脑教程系列

STEP ⑰ 选中加号形状,在【动画】组中单击【其他】按钮，在弹出菜单的【强调】选项区域中选择【加深】选项,如图 10-77 所示。

STEP ⑱ 使用同样的方法设置樱桃图片、"两颗樱桃"艺术字和等号形状的动画效果和播放顺序,如图 10-78 所示。

图 10-77　选择【加深】选项　　　　　　　　　　图 10-78　设置动画效果和播放顺序

STEP ⑲ 使用同样的方法设置香蕉和草莓图片、减号形状以及"七个苹果"和"两颗草莓"艺术字的动画效果和播放顺序,如图 10-79 所示。

STEP ⑳ 在键盘上按下 F5 键放映幻灯片,即可预览切换效果和对象的动画效果,放映完毕,单击鼠标左键退出放映模式,如图 10-80 所示。

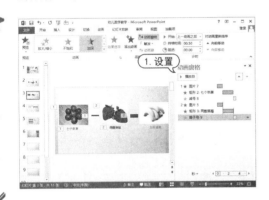

图 10-79　设置动画效果和播放顺序

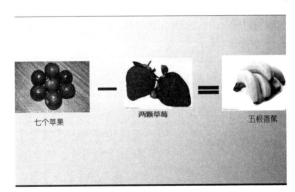

图 10-80　预览切换效果和动画效果

第11章

放映和输出幻灯片

在 PowerPoint 2013 中,用户可以选择最为理想的放映速度与放映方式,使幻灯片放映结构清晰、节奏明快、过程流畅。另外,可以将制作完成的演示文稿进行打包或发布,进而完成备份操作;还可以打印演示文稿。

对应的光盘视频

11.1 幻灯片放映设置

幻灯片放映前,用户可以根据需要设置幻灯片放映的方式和类型,本节将介绍放映幻灯片前的一些基本设置。

11.1.1 设置放映方式

PowerPoint 2013 提供了多种演示文稿的放映方式,最常用的是幻灯片页面的演示控制,主要有幻灯片的定时放映、连续放映、循环放映。

1. 定时放映

用户在设置幻灯片切换效果时,可以设置每张幻灯片在放映时停留的时间,这样当幻灯片等待了设定的时间后,幻灯片将自动向下放映。

打开【切换】选项卡,在【计时】组中选中【单击鼠标时】复选框,则用户单击鼠标或者按下 Enter 键或空格键时,放映的演示文稿将切换到下一张幻灯片;选中【设置自动换片时间】复选框,并在其右侧的文本框中输入时间(时间为秒)后,则在演示文稿放映时,当幻灯片等待了设定的秒数之后,将自动切换到下一张幻灯片,如图 11-1 所示。

图 11-1 设置定时放映

> **实用技巧**
>
> 由于每张幻灯片的内容不同,放映的时间可能不同,所以设置连续放映的最常见方法是通过排练计时功能完成。

2. 连续放映

在【切换】选项卡的【计时】组中选中【设置自动换片时间】复选框,并为当前选定的幻灯片设置自动切换时间,再单击【全部应用】按钮,为演示文稿中的每张幻灯片设定相同的切换时间,即可实现幻灯片的连续放映。

3. 循环放映

打开【幻灯片放映】选项卡,在【设置】组中单击【设置幻灯片放映】按钮,打开【设置放映方式】对话框,如图 11-2 所示。在【放映选项】选项区域中选中【循环放映,按 ESC 键终止】复选框,则在播放完最后一张幻灯片后会自动跳转到第 1 张幻灯片,而不是结束放映,直到用户按 Esc 键才会退出放映状态,如图 11-3 所示。

11.1.2 设置放映类型

在【设置放映方式】对话框的【放映类型】选项区域中可以设置幻灯片的放映类型。

▽ 演讲者放映(全屏幕)放映类型:该类型是系统默认的放映类型,也是最常见的全屏放映形式。在这种放映形式下,演讲者现场控制演示节奏,具有放映的完全控制权。演讲者可以根据观众的反应随时调整放映速度或节奏,还可以暂停下来进行讨论或记录观众的即席反应,甚至可以在放映过程中录制旁白。这种放映类型一般用于召开会议时的大屏幕放映、联机会议或网络广播等,如图 11-4 所示。

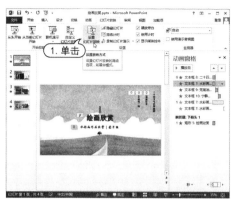

图 11-2　单击【设置幻灯片放映】按钮　　　　图 11-3　设置放映方式

▽ 观众自行浏览(窗口)放映类型：观众自行浏览是在标准 Windows 窗口中显示幻灯片的放映形式，放映时的 PowerPoint 窗口具有菜单栏、Web 工具栏，类似于浏览网页的效果，便于观众自行浏览，如图 11-5 所示。

图 11-4　演讲者放映(全屏幕)放映类型　　　　图 11-5　观众自行浏览(窗口)放映类型

▽ 展台浏览(全屏幕)放映类型：该放映类型最主要的特点是不需要专人控制就可以自动放映幻灯片，在使用该放映类型时，如超链接等控制方法都失效。当播放完最后一张幻灯片后，会自动从第一张重新开始播放，直至用户按下 Esc 键才会停止播放。该放映类型主要用于展览会的展台或会议中的自动演示等场合。

11.1.3　设置自定义放映

自定义放映是指用户可以自定义演示文稿放映的张数，使一个演示文稿适用于多种观众，即可以将一个演示文稿中的多张幻灯片进行分组，以便给特定的观众放映演示文稿中的特定部分。用户可以用超链接分别指向演示文稿中的各个自定义放映，也可以在放映整个演示文稿时只放映其中的某个自定义放映。

【例 11-1】　为《梵·高作品展》演示文稿创建自定义放映。 视频+素材

STEP 01 启动 PowerPoint 2013，打开《梵·高作品展告》演示文稿，选中【幻灯片放映】选项卡，单击【开始放映幻灯片】组中的【自定义幻灯片放映】按钮，在弹出的菜单中选择【自定义放映】命令，如图 11-6 所示。

STEP 02 打开【自定义放映】对话框,单击【新建】按钮,如图 11-7 所示。

STEP 03 打开【定义自定义放映】对话框,在【幻灯片放映名称】文本框中输入文本"梵·高作品展",在【在演示文稿中的幻灯片】列表框中选择第 1 张和第 2 张幻灯片,然后单击【添加】按钮,将两张幻灯片添加到【在自定义放映中的幻灯片】列表框中,单击【确定】按钮,如图 11-8 所示。

STEP 04 返回至【自定义放映】对话框,在【自定义放映】列表中显示了创建的自定义放映,单击【关闭】按钮,如图 11-9 所示。

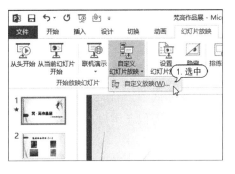

图 11-6　选择【自定义放映】命令

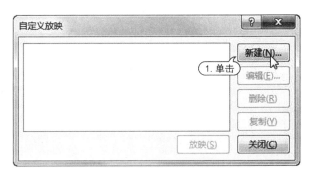

图 11-7　单击【新建】按钮

图 11-8　【定义自定义放映】对话框

图 11-9　单击【关闭】按钮

 11.1.4　设置排练计时

排练计时的作用在于为演示文稿中的每张幻灯片计算好播放时间之后,在正式放映时自行放映,演讲者则可以专心进行演讲而不用再去控制幻灯片的切换等操作。

在放映幻灯片之前,演讲者可以运用 PowerPoint 的排练计时功能来排练整个演示文稿放映的时间,对每张幻灯片的放映时间和整个演示文稿的总放映时间了然于胸。这样当真正放映时,就可以做到从容不迫。

设置排练计时的方法为:打开【幻灯片放映】选项卡,在【设置】组中单击【排练计时】按钮,此时将进入排练计时状态,在打开的【录制】工具栏中将开始计时,如图 11-10 所示。若当前幻灯片中内容的显示时间足够,则可单击鼠标进入下一对象或下一张幻灯片的计时,以此类推。当对所有内容完成计时后,将打开提示对话框,单击【是】按钮即可保留排练计时,如图 11-11 所示。

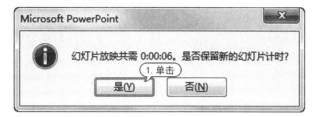

图 11-10　【录制】工具栏　　　　　　　　图 11-11　单击【是】按钮

【例 11-2】　使用排练计时功能排练演示文稿的放映时间。　视频+素材

STEP 01 启动 PowerPoint 2013,打开《丽江之旅》演示文稿,打开【幻灯片放映】选项卡,在【设置】组中单击【排练计时】按钮,如图 11-12 所示。

STEP 02 演示文稿将自动切换到幻灯片放映状态,在幻灯片左上角将显示【录制】工具栏,如图 11-13 所示。

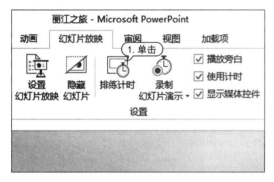

图 11-12　单击【排练计时】按钮　　　　　图 11-13　显示【录制】工具栏

STEP 03 不断单击鼠标进行幻灯片的放映,此时【录制】工具栏中的数据会不断更新,当最后一张幻灯片放映完毕,将打开提示对话框,该对话框显示幻灯片播放的总时间并询问用户是否保留该排练计时,单击【是】按钮,如图 11-14 所示。

STEP 04 切换至幻灯片浏览视图,可以看到每张幻灯片下方均显示各自的排练时间,如图 11-15所示。

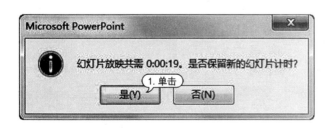

图 11-14　单击【是】按钮　　　　　　　图 11-15　显示排练时间

　　当幻灯片被设置了排练计时后,而实际情况又需要演讲手动控制幻灯片,那么就需要取消排练计时设置。

轻松学电脑教程系列

取消排练计时的方法为：打开【幻灯片放映】选项卡，单击【设置】组里的【设置幻灯片放映】按钮，如图 11-16 所示。打开【设置放映方式】对话框，在【换片方式】选项区域中选中【手动】单选按钮，即可取消排练计时，如图 11-17 所示。

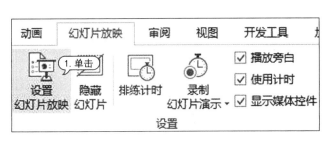

图 11-16　单击【设置幻灯片放映】按钮

图 11-17　【设置放映方式】对话框

11.2 放映幻灯片

完成放映前的准备工作后，就可以开始放映已设计完成的演示文稿了。在放映演示文稿的过程中，用户还可以根据需要按放映次序依次放映、快速定位幻灯片、为重点内容做上标记等。

11.2.1 开始放映

演示文稿的常用放映方法很多，除了自定义放映外，还有从头开始放映、从当前幻灯片开始放映和以幻灯片缩略图放映等。

1. 从头开始放映

按下 F5 键，或者在【幻灯片放映】选项卡的【开始放映幻灯片】组中单击【从头开始】按钮，即可进入幻灯片放映视图，从第 1 张幻灯片开始依次进行放映，如图 11-18 所示。

2. 从当前幻灯片开始放映

当用户需要从指定的某张幻灯片开始放映时，则可以使用从当前幻灯片开始功能。

选择指定的幻灯片，打开【幻灯片放映】选项卡，在【开始放映幻灯片】组中单击【从当前幻灯片开始】按钮，显示从当前幻灯片开始放映的效果。此时进入幻灯片放映视图，幻灯片以全屏幕方式从当前幻灯片开始放映，如图 11-19 所示。

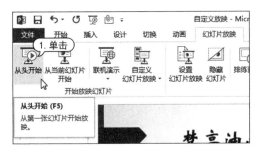

图 11-18　单击【从头开始】按钮

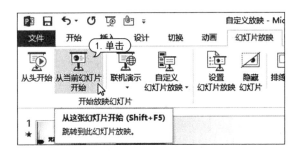

图 11-19　单击【从当前幻灯片开始】按钮

11.2.2　切换和定位幻灯片

在放映幻灯片时,用户可以从当前幻灯片切换至上一张幻灯片或下一张幻灯片,也可以直接从当前幻灯片跳转到另一张幻灯片。

1.　切换幻灯片

如果需要按放映次序依次放映(即切换幻灯片),则可以进行如下操作:

▽　单击鼠标左键。

▽　在放映屏幕的左下角单击⊙按钮。

▽　右击鼠标,在弹出的快捷菜单中选择【下一张】命令。

2.　定位幻灯片

如果不需要按照指定的顺序进行放映,则可以快速定位幻灯片。右击鼠标,在弹出的快捷菜单中选择【查看所有幻灯片】命令,打开幻灯片的缩略图界面,然后单击需要定位的幻灯片,即可切换至该幻灯片,如图 11-20 所示。

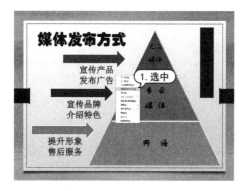
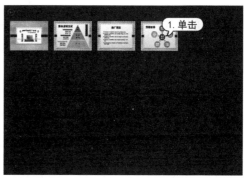

图 11-20　定位幻灯片

11.2.3　使用激光笔和黑屏或白屏

在幻灯片放映过程中,可以将鼠标指针设置为激光笔样式,也可以将幻灯片设置为黑屏或白屏显示。

1.　使用激光笔

在幻灯片放映视图中,可以将鼠标指针变为激光笔样式,以将观看者的注意力吸引到幻灯片上的某个重点内容或需要特别强调的内容处。

将演示文稿切换至幻灯片放映视图,按 Ctrl 键的同时单击鼠标左键,此时鼠标指针变成激光笔样式,移动鼠标指针,将其指向观众需要注意的内容上即可。激光笔的默认颜色为红色,用户可以更改其颜色,在【幻灯片放映】选项卡的【设置】组中单击【设置幻灯片放映】按钮,打开【设置放映方式】对话框,在【激光笔颜色】下拉菜单中选择颜色即可,如图 11-21 所示。

2.　使用黑屏或白屏

在幻灯片放映的过程中,有时为了隐藏幻灯片内容,可以将幻灯片进行黑屏或白屏显示。具体方法为:全屏放映状态下,在右键快捷菜单中选择【屏幕】|【黑屏】命令或【屏幕】|【白屏】命令即可,如图 11-22 所示。

图 11-21　选择激光笔颜色

图 11-22　选择【白屏】命令

实用技巧

除了选择右键快捷菜单中的命令外，还可以直接使用快捷键，按下 B 键将出现黑屏，按下 W 键将出现白屏。

 11.2.4　添加标记

若想在放映幻灯片时为重要位置添加标记以突出强调重要内容，那么此时就可以利用 PowerPoint 2013 提供的笔或荧光笔来实现。其中，笔主要用来圈点幻灯片中的重点内容，有时还可以进行简单的书写操作；荧光笔主要用来突出显示重点内容并且标记呈透明状。

1. 使用笔

使用笔之前首先应该启用它，方法为：在放映的幻灯片上单击鼠标右键，然后在弹出的快捷菜单中选择【指针选项】|【笔】命令，此时在幻灯片中将显示一个小红点，按住鼠标左键不放并拖动鼠标即可为幻灯片中的重点内容添加标记，如图 11-23 所示。

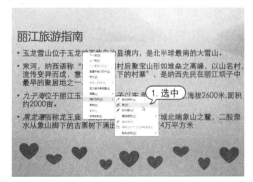
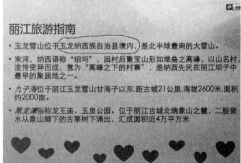

图 11-23　选择【笔】命令绘制标记

2. 使用荧光笔

荧光笔的使用方法与笔相似,也是在放映的幻灯片上单击鼠标右键,在弹出的快捷菜单中选择【指针选项】|【荧光笔】命令,此时在幻灯片中将显示一个黄色的小方块,按住鼠标左键不放并拖动鼠标即可为幻灯片中的重点内容添加标记,如图 11-24 所示。

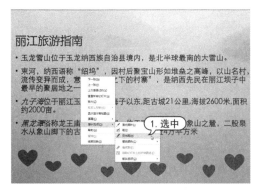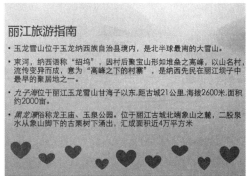

图 11-24 选择【荧光笔】命令绘制标记

【例 11-3】 放映《光盘策划提案》演示文稿,使用绘图笔标注重点。 视频+素材

STEP 01 启动 PowerPoint 2013,打开《光盘策划提案》演示文稿,打开【幻灯片放映】选项卡,在【开始放映幻灯片】组中单击【从头开始】按钮,放映演示文稿,如图 11-25 所示。

STEP 02 当放映到第 2 张幻灯片时,单击☑按钮或者在幻灯片上右击,在弹出的快捷菜单中选择【荧光笔】命令,将绘图笔设置为荧光笔样式,如图 11-26 所示。

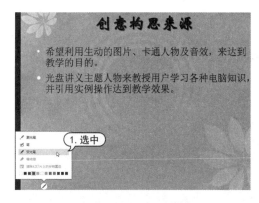

图 11-25 放映演示文稿   **图 11-26 选择【荧光笔】命令**

STEP 03 在幻灯片放映视图中右击幻灯片,在弹出的快捷菜单中选择【指针选项】|【墨迹颜色】命令,然后在弹出的颜色面板中选择【红色】色块,如图 11-27 所示。

STEP 04 此时,鼠标指针变为一个小矩形形状■,在需要绘制标记的地方按住鼠标左键不放并拖动鼠标绘制标记,如图 11-28 所示。

STEP 05 当放映到第 3 张幻灯片时,右击幻灯片空白处,在弹出的快捷菜单中选择【指针选项】|【笔】命令,如图 11-29 所示。

STEP 06 在幻灯片放映视图中右击幻灯片,在弹出的快捷菜单中选择【指针选项】|【墨迹颜色】命令,然后在弹出的颜色面板中选择【蓝色】色块,如图 11-30 所示。

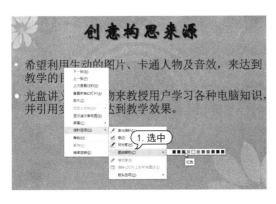

图 11-27　选择【红色】色块

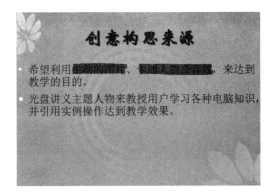

图 11-28　绘制标记

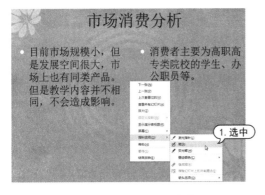

图 11-29　选择【笔】命令

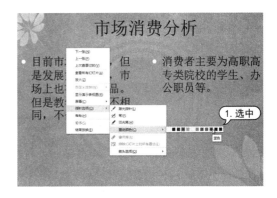

图 11-30　选择【蓝色】色块

STEP 07 此时按住鼠标左键不放并拖动鼠标在幻灯片上的文本下方绘制墨迹，如图 11-31 所示。

STEP 08 使用同样的方法在其他幻灯片中绘制墨迹，如图 11-32 所示。

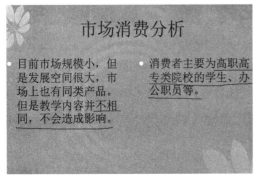

图 11-31　绘制墨迹

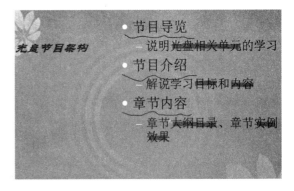

图 11-32　绘制更多墨迹

STEP 09 当幻灯片播放完毕，单击鼠标左键退出放映状态时，系统将弹出对话框询问用户是否保留在放映时所做的墨迹注释，单击【保留】按钮，如图 11-33 所示。

STEP 10 此时绘制的墨迹注释被保留在幻灯片中，在快速访问工具栏中单击【保存】按钮🔲保存演示文稿,如图 11-34 所示。

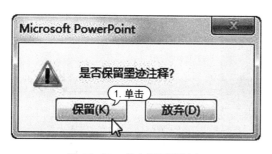

图 11-33　单击【保留】按钮

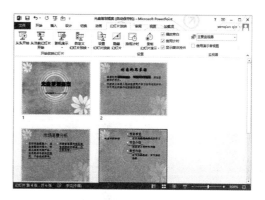

图 11-34　保存演示文稿

11.3　打包和发布演示文稿

通过打包演示文稿,可以创建演示文稿的 CD 或是打包文件夹,然后在另一台计算机上进行幻灯片放映。发布演示文稿是指将演示文稿存储到幻灯片库中,以达到共享和调用各个演示文稿的目的。

11.3.1　将演示文稿打包成 CD

将演示文稿打包成 CD 的操作方法为:单击 PowerPoint 窗口中的【文件】按钮,在弹出的菜单中选择【导出】命令,在右侧的【导出】选项区域中选择【将演示文稿打包成 CD】选项,打开【打包成 CD】对话框,在其中单击【复制到 CD】按钮,即可将演示文稿打包成 CD,如图 11-35 所示。

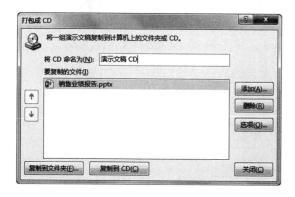

图 11-35　【打包成 CD】对话框

实用技巧

打包成 CD 功能必须要在有刻录光驱的计算机上使用。

【例 11-4】 将演示文稿打包为 CD。 视频+素材

STEP 01 启动 PowerPoint 2013 应用程序,打开《销售业绩报告》演示文稿,单击【文件】按钮,在弹出的菜单中选择【导出】命令,如图 11-36 所示。

STEP 02 在【导出】选项区域中选择【将演示文稿打包成 CD】选项,并在右侧的窗格中单击【打包成 CD】按钮,如图 11-37 所示。

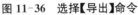

图 11-36　选择【导出】命令

图 11-37　设置导出选项

STEP 03 打开【打包成 CD】对话框,在【将 CD 命名为】文本框中输入"销售业绩报告 CD",单击【添加】按钮,如图 11-38 所示。

STEP 04 在打开的【添加文件】对话框中,选择《梵·高作品展》演示文稿,单击【添加】按钮,如图 11-39 所示。

图 11-38　【打包成 CD】对话框

图 11-39　【添加文件】对话框

STEP 05 返回至【打包成 CD】对话框,可以看到新添加的演示文稿,单击【选项】按钮,如图 11-40 所示。

STEP 06 打开【选项】对话框,选择包含的文件,在密码文本框中输入相关的密码(这里设置打开密码为 123,修改秘密为 456),单击【确定】按钮,如图 11-41 所示。

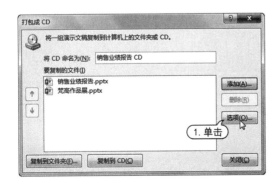

图 11-40　单击【选项】按钮

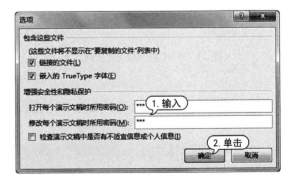

图 11-41　【选项】对话框

STEP 07 打开【确认密码】对话框，输入打开演示文稿的密码，单击【确定】按钮，如图 11-42 所示。

STEP 08 返回【打包成 CD】对话框，单击【复制到文件夹】按钮，如图 11-43 所示。

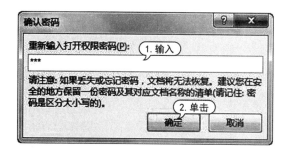

图 11-42 【确认密码】对话框

图 11-43 单击【复制到文件夹】按钮

STEP 09 打开【复制到文件夹】对话框，单击【位置】文本框右侧的【浏览】按钮，如图 11-44 所示。

STEP 10 打开【选择位置】对话框，在其中设置文件的保存路径，单击【选择】按钮，如图 11-45 所示。

图 11-45 【选择位置】对话框

图 11-44 【复制到文件夹】对话框

STEP 11 返回至【复制到文件夹】对话框，在【位置】文本框中查看文件的保存路径，单击【确定】按钮，如图 11-46 所示。

STEP 12 弹出提示框，单击【是】按钮，如图 11-47 所示。

图 11-46 单击【确定】按钮

图 11-47 单击【是】按钮

STEP 13 此时系统开始自动复制文件到文件夹，如图 11-48 所示。

STEP ⑭ 打包完毕,将自动打开保存的文件夹【销售业绩报告 CD】,显示打包后的所有文件,如图 11-49 所示。

STEP ⑮ 返回至打开的《销售业绩报告》演示文稿,在其中单击【打包成 CD】对话框的【关闭】按钮,关闭该对话框。

图 11-48　开始复制文件　　　　　　　图 11-49　显示打包文件

　　如果用户所使用的计算机中没有安装 PowerPoint 2013 软件,但仍然需要查看幻灯片,这时就需要对打包的文件夹进行解包,才可以打开演示文稿并播放幻灯片。

　　比如双击【PresentationPackage】文件夹中的【PresentationPackage. html】网页文件,可以查看打包后光盘自动播放网页的效果,如图 11-50 所示。

图 11-50　双击网页文件

11.3.2　发布演示文稿

　　演示文稿发布到幻灯片库之后,具有该幻灯片库访问权限的任何人均可访问该演示文稿。下面通过具体实例说明发布演示文稿的方法。

【例 11-5】 发布《幼儿数学教学》演示文稿。 🎬视频+素材

STEP ① 启动 PowerPoint 2013,打开《幼儿数学教学》演示文稿,单击【文件】按钮,在弹出的菜单中选择【共享】命令,在【共享】选项区域中选择【发布幻灯片】选项,在右侧的窗格中单击【发布幻灯片】按钮,如图 11-51 所示。

STEP ② 打开【发布幻灯片】对话框,在幻灯片列表框中选中需要发布到幻灯片库中的幻灯片缩略图前的复选框,然后单击【发布到】下拉列表框右侧的【浏览】按钮,如图 11-52 所示。

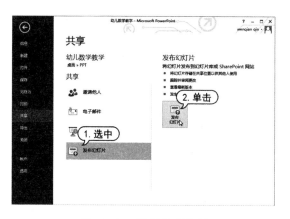

图 11-51　设置共享选项

图 11-52　【发布幻灯片】对话框

STEP 03 打开【选择幻灯片库】对话框,选择要发布到的幻灯片库,单击【选择】按钮,如图 11-53 所示。

STEP 04 返回至【发布幻灯片】对话框,在【发布到】下拉列表框中显示要发布到的位置,单击【发布】按钮,如图 11-54 所示。

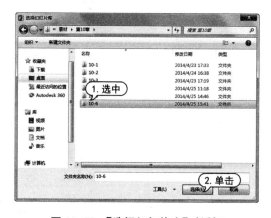

图 11-53　【选择幻灯片库】对话框

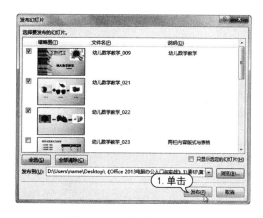

图 11-54　单击【发布】按钮

STEP 05 此时,即可在发布到的幻灯片库中查看发布后的幻灯片,如图 11-55 所示。

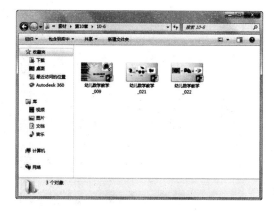

图 11-55　打开幻灯片库

实用技巧

　　在【发布幻灯片】对话框中的【发布到】下拉列表框中可以直接输入要将幻灯片发布到的幻灯片库的位置。

轻松学电脑教程系列

Word＋Excel＋PowerPoint 2013 办公应用

11.4 输出演示文稿

用户可以将演示文稿保存为其他形式，以满足用户多用途的需要。在 PowerPoint 2013 中，可以将演示文稿输出为视频、图片等格式的文件。

11.4.1 输出为视频文件

使用 PowerPoint 可以方便地将极富动感的演示文稿输出为视频文件，从而与其他用户共享该视频。

【例 11-6】 将《市场推广计划》演示文稿输出为视频文件。 视频+素材

STEP 01 启动 PowerPoint 2013，打开《市场推广计划》演示文稿。

STEP 02 单击【文件】按钮，在弹出的菜单中选择【导出】命令，在【导出】选项区域中选择【创建视频】选项，并在右侧窗格的【创建视频】选项区域中设置显示选项和放映时间，然后单击【创建视频】按钮，如图 11-56 所示。

STEP 03 打开【另存为】对话框，设置视频文件的保存名称和保存路径，然后单击【保存】按钮，如图 11-57 所示。

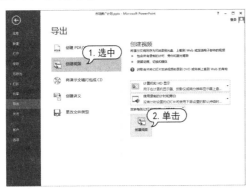

图 11-56 设置导出选项

图 11-57 【另存为】对话框

STEP 04 此时 PowerPoint 2013 窗口的任务栏中将显示制作视频的进度，如图 11-58 所示。

STEP 05 制作完毕，打开视频存放路径，双击视频文件，即可使用计算机中的视频播放器来播放该视频，如图 11-59 所示。

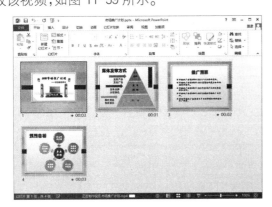

图 11-58 显示制作视频的进度

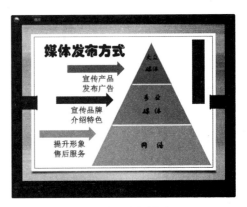

图 11-59 播放视频

11.4.2　输出为图片文件

PowerPoint 2013 支持将演示文稿中的幻灯片输出为 GIF、JPG、PNG、TIFF、BMP、WMF 及 EMF 等格式的图片文件,这有利于用户在更大范围内交换或共享演示文稿中的内容。

【例 11-7】 将《市场推广计划》演示文稿输出为 JPEG 格式的图片文件。视频+素材

STEP 01 启动 PowerPoint 2013,打开《市场推广计划》演示文稿。

STEP 02 单击【文件】按钮,在弹出的菜单中选中【导出】命令,在【导出】选项区域中选择【更改文件类型】选项,在右侧窗格的【图片文件类型】选项区域中选择【JPEG 文件交换格式】选项,单击【另存为】按钮,如图 11-60 所示。

STEP 03 打开【另存为】对话框,设置存放路径,单击【保存】按钮,如图 11-61 所示。

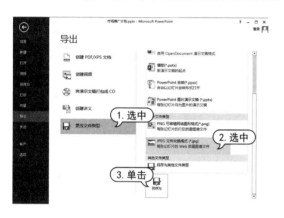

图 11-60　设置导出选项

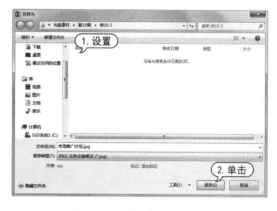

图 11-61　【另存为】对话框

STEP 04 此时系统会弹出提示对话框,供用户选择输出为图片文件的幻灯片范围,单击【所有幻灯片】按钮,如图 11-62 所示。

STEP 05 完成将演示文稿输出为图片文件并弹出提示框,提示用户每张幻灯片都以独立的方式保存到文件夹中,单击【确定】按钮即可,如图 11-63 所示。

图 11-62　单击【所有幻灯片】按钮

图 11-63　单击【确定】按钮

STEP 06 在路径中双击打开保存的文件夹,此时 4 张幻灯片以图片格式显示在文件夹中,如图 11-64 所示。

STEP 07 双击某个图片文件,即可打开该图片,查看其内容,如图 11-65 所示。

 11.4.3　输出为 PDF/XPS 文档

在 PowerPoint 2013 中,用户可以根据需要方便地将制作好的演示文稿输出为 PDF/XPS 文档。

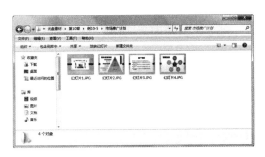

图 11-64　显示图片

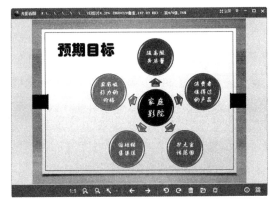

图 11-65　查看图片

【例 11-8】 将《市场推广计划》演示文稿输出为 PDF 文档。视频+素材

STEP 01 启动 PowerPoint 2013,打开《市场推广计划》演示文稿。

STEP 02 单击【文件】按钮,在弹出的菜单中选中【导出】命令,在【导出】选项区域中选择【创建 PDF /XPS 文档】选项,在右侧的窗格中单击【创建 PDF /XPS】按钮,如图 11-66 所示。

STEP 03 打开【发布为 PDF 或 XPS】对话框,设置保存文档的路径,单击【选项】按钮,如图 11-67 所示。

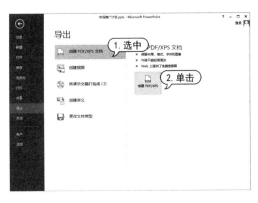

图 11-66　设置导出选项

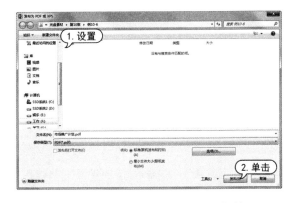

图 11-67　【发布为 PDF 或 XPS】对话框

STEP 04 打开【选项】对话框,在【发布选项】选项区域中选中【幻灯片加框】复选框,保持其他默认设置,单击【确定】按钮,如图 11-68 所示。

STEP 05 返回至【发布为 PDF 或 XPS】对话框,在【保存类型】下拉列表中选择【PDF】选项,单击【发布】按钮,如图 11-69 所示。

图 11-68　选中【幻灯片加框】复选框

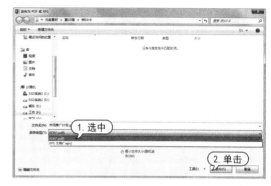

图 11-69　选择【PDF】选项

STEP 06 此时自动弹出【正在发布】对话框,在其中显示发布进度,如图 11-70 所示。

STEP 07 发布完成后,自动打开发布成 PDF 格式的文档,如图 11-71 所示。

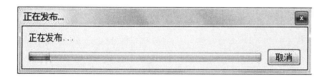

图 11-70　显示发布进度

图 11-71　打开 PDF 文档

 11.5 打印演示文稿

在 PowerPoint 2013 中,制作完成的演示文稿不仅可以进行现场演示,还可以将其通过打印机打印出来,分发给观众作为演讲提示。

11.5.1　设置幻灯片文本

在打印演示文稿前,可以根据自己的需要对打印页面进行设置,使打印的形式和效果更符合实际需要。

打开【设计】选项卡,在【自定义】组中单击【幻灯片大小】下拉按钮,在弹出的菜单中选择【自定义幻灯片大小】命令,如图 11-72 所示,在打开的【幻灯片大小】对话框中对幻灯片的大小、编号和方向进行设置,如图 11-73 所示。

【幻灯片大小】对话框中重要选项的含义如下。

▽ 【幻灯片大小】下拉列表框:用来设置幻灯片的大小。

▽ 【宽度】和【高度】文本框:用来设置打印区域的尺寸,单位为厘米。

▽ 【幻灯片编号起始值】文本框:用来设置当前打印的幻灯片的起始编号。

▽【方向】选项区域：可以分别设置幻灯片及备注、讲义和大纲的打印方向，在此处设置的打印方向对整个演示文稿中的所有幻灯片及备注、讲义和大纲均有效。

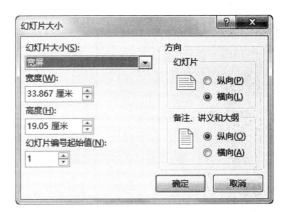

图 11-72　选择【自定义幻灯片大小】命令　　　　图 11-73　【幻灯片大小】对话框

11.5.2　开始打印

对当前的打印设置及预览效果满意后，可以连接打印机开始打印演示文稿。单击【文件】按钮，在弹出的菜单中选择【打印】命令，在中间的【打印】选项区域中进行相关设置，如图 11-74 所示。

图 11-74　【打印】窗格

> **✿实用技巧**
>
> 用户可以选择【添加打印机】命令，为本地计算机添加一台新的打印机；或者使用网络打印机进行打印操作。

其中，各选项的主要作用如下。

▽【打印机】下拉列表框：自动调用系统默认的打印机，当用户的计算机连接有多台打印机时，可以根据需要选择打印机或设置打印机的属性。

▽【打印全部幻灯片】下拉列表框：用来设置打印范围，系统默认打印当前演示文稿中的所有内容，用户可以选择打印当前幻灯片，或在其下的【幻灯片】文本框中输入需要打印的幻灯片编号。

▽【整页幻灯片】下拉列表框：用来设置打印的版式、边框和大小等参数。

▽【调整】下拉列表框：用来设置打印顺序。

▽【颜色】下拉列表框：用来设置幻灯片打印时的颜色。

▽【份数】微调框：用来设置打印份数。

比如要打印 10 份彩色演示文稿并在一张纸中打印整个演示文稿，可以在【份数】微调框中输入"10"；在【打印机】下拉列表框中选择正确的打印机；在【整页幻灯片】下拉列表框中选择【6张水平放置的幻灯片】选项；在【灰度】下拉列表框中选择【颜色】选项，然后单击【打印】按钮，如图 11-75 所示。

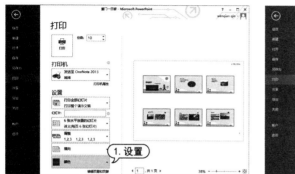

图 11-75　设置打印选项

11.6　案例演练

本章的案例演练通过将演示文稿输出为 PNG 格式的图形文件这个实例操作，使用户通过练习可以巩固本章所学知识。

【例 11-9】将《厦门一日游》演示文稿输出为 PNG 格式的图片文件。 视频+素材

STEP 01 启动 PowerPoint 2013，打开《厦门一日游》演示文稿，单击【文件】按钮，在弹出的菜单中选择【导出】命令，在【导出】选项区域中选择【更改文件类型】选项，在右侧窗格的【图片文件类型】选项区域中选择【PNG 可移植网络图形格式】选项，单击【另存为】按钮，如图 11-76 所示。

STEP 02 打开【另存为】对话框，设置存放路径，单击【保存】按钮，如图 11-77 所示。

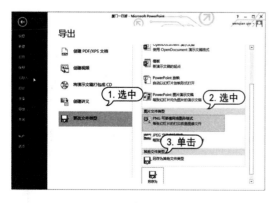

图 11-76　设置导出选项　　　　　　　图 11-77　【另存为】对话框

STEP 03 此时系统会弹出提示框，供用户选择输出为图片文件的幻灯片范围，单击【所有幻灯

片】按钮,开始输出图片并在 PowerPoint 2013 窗口的任务栏中显示进度,如图 11-78 所示。

STEP 04 完成输出后自动弹出提示框,提示用户每张幻灯片都以独立的方式保存到文件夹中,单击【确定】按钮即可,如图 11-79 所示。

图 11-78　单击【所有幻灯片】按钮　　　　　　　　图 11-79　单击【确定】按钮

STEP 05 打开保存的文件夹,此时 6 张幻灯片以 PNG 格式的图片文件显示在文件夹中,如图 11-80 所示。

STEP 06 双击某个图片文件,打开并查看该图片,如图 11-81 所示。

图 11-80　显示图片　　　　　　　　　　　　　图 11-81　查看图片

第12章

办公软件综合应用

　　本章将通过多个实用案例来串联各知识点，帮助用户加深与巩固所学知识，灵活运用 Word、Excel、PowerPoint 的各种功能，提高 Office 2013 办公软件综合应用的能力。

対应的光盘视频

12.1 制作商品抵用券

通过使用 Word 2013 制作《商品抵用券》文档，巩固图文混排操作知识，包括插入图片、艺术字和文本框等。

【例 12-1】 制作《商品抵用券》Word 文档。 视频＋素材

STEP 01 启动 Word 2013，新建一个空白文档并将其以"商品抵用券"为名保存，如图 12-1 所示。

STEP 02 打开【插入】选项卡，在【插图】组中单击【形状】下拉按钮，在弹出菜单的【矩形】选项区域中单击【矩形】按钮，如图 12-2 所示。

图 12-1　新建文档	图 12-2　单击【矩形】按钮

STEP 03 将鼠标指针移至文档中，待鼠标指针变为十字形时，按下鼠标左键并拖动鼠标开始绘制矩形，如图 12-3 所示。

STEP 04 打开【绘图工具】的【格式】选项卡，在【大小】组中设置形状的高度为【7 厘米】，宽度为【16 厘米】，如图 12-4 所示。

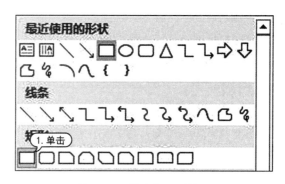

图 12-3　绘制矩形	图 12-4　设置矩形大小

STEP 05 在【形状样式】组中单击【形状填充】下拉按钮，在弹出的菜单中选择【图片】命令，打开【插入图片】窗格，在【来自文件】栏中单击【浏览】按钮，如图 12-5 所示。

STEP 06 打开【插入图片】对话框，选择需要的图片文件后单击【插入】按钮，如图 12-6 所示。

图 12-5 单击【浏览】按钮

图 12-6 【插入图片】对话框

STEP 07 此时选中的图片被填充到矩形中,在【形状样式】组中单击【形状轮廓】下拉按钮,在弹出的菜单中选择【无轮廓】命令,如图 12-7 所示。

STEP 08 将插入点定位在文档开始处,打开【插入】选项卡,在【插图】组中单击【图片】下拉按钮,打开【插入图片】对话框,选择需要的图片文件后单击【插入】按钮,如图 12-8 所示。

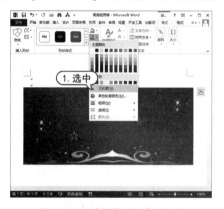

图 12-7 选择【无轮廓】命令

图 12-8 【插入图片】对话框

STEP 09 选中插入的图片,打开【图片工具】的【格式】选项卡,在【排列】组中单击【自动换行】下拉按钮,在弹出的菜单中选择【浮于文字上方】命令,为图片设置环绕方式,如图 12-9 所示。

STEP 10 选中图片,按下鼠标左键并拖动鼠标调节图片的大小和位置,如图 12-10 所示。

图 12-9 选择【浮于文字上方】命令

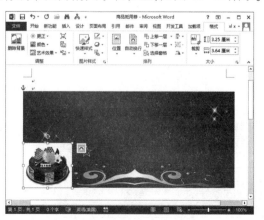

图 12-10 调整图片大小和位置

轻松学电脑教程系列

STEP 11 在【图片工具】的【格式】选项卡的【调整】组中单击【删除背景】按钮,进入背景消除编辑状态,按下鼠标左键并拖动鼠标选中要删除的部位,在【背景消除】选项卡的【优化】组中单击【标记要保留的区域】按钮,然后在要保留的区域中单击标记即可删除图片背景,如图 12-11 所示。

STEP 12 在【关闭】组中单击【保留更改】按钮,完成删除图片背景操作,如图 12-12 所示。

图 12-11 删除背景

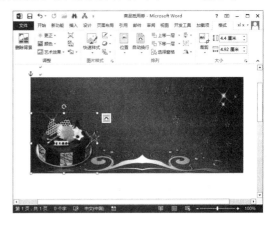

图 12-12 删除图片背景后的效果

STEP 13 打开【插入】选项卡,在【文本】组中单击【艺术字】下拉按钮,在弹出的列表框中选择第 3 行第 3 列的艺术字样式,即可在文档中插入艺术字,如图 12-13 所示。

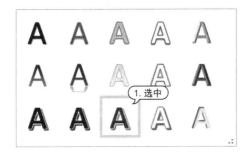

图 12-13 选择艺术字样式

STEP 14 在艺术字文本框中输入文本,设置字体为【华文琥珀】,字号为【小初】,字形为【加粗】,然后按下鼠标并拖动鼠标调整其位置,如图 12-14 所示。

STEP 15 使用同样的方法插入另一个艺术字,设置字体为【华文楷体】,数字字号为 80,文本字号为【小初】,并将其移动到合适的位置,如图 12-15 所示。

图 12-14 输入艺术字

图 12-15 输入另一个艺术字

STEP 16 打开【插入】选项卡,在【文本】组中单击【文本框】下拉按钮,在弹出的菜单中选择【绘制文本框】命令,如图 12-16 所示。

STEP 17 按下鼠标左键并拖动鼠标在矩形中绘制横排文本框并输入文本,如图 12-17 所示。

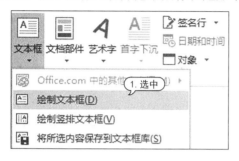

图 12-16　选择【绘制文本框】命令

图 12-17　绘制文本框并输入文本

STEP 18 选中文本框并右击,在弹出的快捷菜单中选择【设置形状格式】命令,打开【设置形状格式】窗格,打开【填充】选项卡,选中【无填充】单选按钮,如图 12-18 所示。

STEP 19 打开【线条】选项卡,选中【无线条】单选按钮,如图 12-19 所示。

图 12-18　选中【无填充】单选按钮

图 12-19　选中【无线条】单选按钮

STEP 20 选中文本框中的文本,设置其字体为【华文楷体】,字号为【五号】,字体颜色为【白色,背景 1】,如图 12-20 所示。

STEP 21 在【开始】选项卡的【段落】组中单击【项目符号】下拉按钮,在弹出菜单的【项目符号库】选项区域中选择星形,为文本框中的文本添加项目符号,如图 12-21 所示。

图 12-20　设置文本

图 12-21　选择项目符号

STEP 22 此时为该文本框中的文本添加了项目符号，如图 12-22 所示。

STEP 23 打开【插入】选项卡，在【文本】组中单击【文本框】下拉按钮，在弹出的菜单中选择【绘制竖排文本框】命令，如图 12-23 所示。

图 12-22 添加项目符号

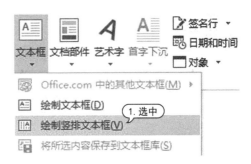

图 12-23 选择【绘制竖排文本框】命令

STEP 24 按下鼠标左键并拖动鼠标在矩形中绘制竖排文本框，在文本框中输入文本并设置文本字体为【Times New Roman】，字号为【小三】，如图 12-24 所示。

STEP 25 选中竖排文本框，打开【绘图工具】的【格式】选项卡，在【形状样式】组中单击【形状填充】下拉按钮，在弹出的菜单中选择【无填充颜色】命令，如图 12-25 所示。

图 12-24 输入并设置文本

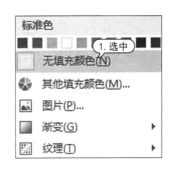

图 12-25 选择【无填充颜色】命令

STEP 26 在【形状样式】组中单击【形状轮廓】下拉按钮，在弹出的菜单中选择【无轮廓】命令，为竖排文本框应用无填充色和无轮廓效果，如图 12-26 所示。

STEP 27 使用同样的方法在文档中插入另一个横排文本框，最后保存文档，如图 12-27 所示。

图 12-26 设置文本框效果

图 12-27 插入横排文本框

12.2　制作旅游小报

　　通过使用 Word 2013 制作《旅游小报》文档,巩固格式化文本、添加边框和底纹、设置页面、插入图片和表格等知识。

【例 12-2】　制作《旅游小报》Word 文档。📹视频+素材

STEP 01 启动 Word 2013 并新建一个空白文档,将该文档以"旅游小报"为名保存,如图 12-28 所示。

STEP 02 选择【页面布局】选项卡,然后单击【页面设置】组中的对话框启动器按钮⌐,如图 12-29 所示。

图 12-28　新建文档

图 12-29　单击对话框启动器按钮

STEP 03 打开【页面设置】对话框,选中【页边距】选项卡,然后在【页边距】选项区域的【上】、【下】、【左】和【右】微调框中均输入"3",并且在【纸张方向】选项区域中选择【横向】选项,如图 12-30 所示。

STEP 04 选择【纸张】选项卡,然后在【纸张大小】下拉列表中选择【自定义大小】选项,在【宽度】和【高度】微调框中分别输入"50 厘米"和"40 厘米",单击【确定】按钮,如图 12-31 所示。

图 12-30　【页边距】选项卡

图 12-31　【纸张】选项卡

STEP 05 将插入点定位在页面的首行,输入小报标题"杭州西湖",选择【开始】选项卡,在【字体】组中设置文本的字体为【方正黑体简体】,字号为【小二】,如图 12-32 所示。

轻松学电脑教程系列

STEP 06 在【段落】组中单击【居中】按钮,设置文字对齐方式为居中,如图 12-33 所示。

图 12-32　输入并设置文本

图 12-33　单击【居中】按钮

STEP 07 将插入点定位在文本开始处,选择【插入】选项卡,然后单击【符号】组中的【符号】下拉按钮,在弹出的菜单中选中【其他符号】命令,如图 12-34 所示。

STEP 08 在打开的【符号】对话框中选中一种符号后,单击【插入】按钮将符号插入文档,如图 12-35 所示。

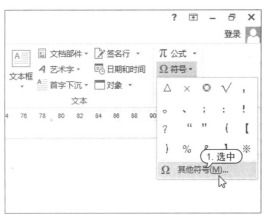

图 12-34　选中【其他符号】命令

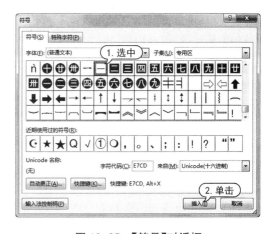

图 12-35　【符号】对话框

STEP 09 将鼠标指针至于文本结尾处,选择【页面布局】选项卡,然后在【页面设置】组中单击【分隔符】下拉按钮,在弹出的菜单中选中【连续】命令,在文档中插入分节符并自动换行,如图 12-36 所示。

STEP 10 在【页面设置】组中单击【分栏】下拉按钮,在弹出的菜单中选中【更多分栏】命令,如图 12-37 所示。

STEP 11 打开【分栏】对话框,选中【两栏】选项和【分隔线】复选框后,单击【确定】按钮,如图 12-38 所示。

STEP 12 此时在文档中插入分隔线,文档的分栏效果如图 12-39 所示。

图 12-36　选中【连续】命令

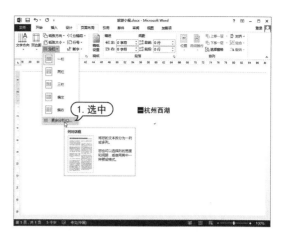

图 12-37　选中【更多分栏】命令

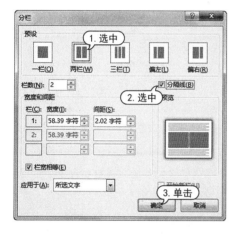

图 12-38　【分栏】对话框

图 12-39　分栏效果

STEP 13 将插入点定位在标题的下一行,输入文本内容,并在【开始】选项卡中设置文本的字体和字号,如图 12-40 所示。

STEP 14 选中正文第一段文本,然后单击【页面布局】选项卡的【段落】组中的对话框启动器按钮,打开【段落设置】对话框,选中【缩进和间距】选项卡,然后在【特殊格式】下拉列表中选择【首行缩进】选项,并在【缩进值】文本框中输入参数"2 字符",单击【确定】按钮,如图 12-41 所示。

STEP 15 完成正文第一段文本的段落设置,其效果如图 12-42 所示。

STEP 16 使用同样的方法设置正文中其他段落,然后在【开始】选项卡的【字体】组中设置被选中文本的字体为【华文仿宋】,字号为【11】,颜色为【深蓝】,效果如图 12-43 所示。

STEP 17 选中正文中的目录文本,然后单击【段落】组中的【编号】下拉按钮,在弹出的菜单中选中【定义新编号格式】命令,如图 12-44 所示。

STEP 18 打开【定义新编号格式】对话框,定义一个新的编号格式后单击【确定】按钮,如图 12-45 所示。

图 12-40　输入文本

图 12-41　【缩进和间距】选项卡

图 12-42　段落设置效果

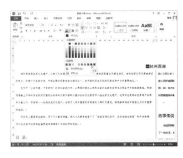

图 12-43　设置文本

图 12-44　选中【定义新编号格式】命令

图 12-45　【定义新编号格式】对话框

STEP⑲ 再次单击【段落】组中的【编号】下拉按钮,在弹出的菜单中选择创建的编号格式,文本中目录的效果如图 12-46 所示。

STEP⑳ 将插入点定位在第一段文本末尾处,选择【插入】选项卡,然后单击【插图】组中的【图片】按钮,打开【插入图片】对话框,选中一个图片文件后单击【插入】按钮,如图 12-47 所示。

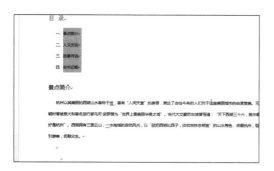

图 12-46　目录效果

图 12-47　【插入图片】对话框

STEP㉑ 在文档中插入图片后,调整图片的大小,然后单击图片右侧的【布局选项】按钮,在打开的【布局选项】窗格的【文字环绕】选项区域中选中【紧密型环绕】选项,如图 12-48 所示。

STEP㉒ 用鼠标单击文档中的图片,按住鼠标左键不放并拖动鼠标来调整图片在文档中的位置,如图 12-49 所示。

图 12-48　选中【紧密型环绕】选项

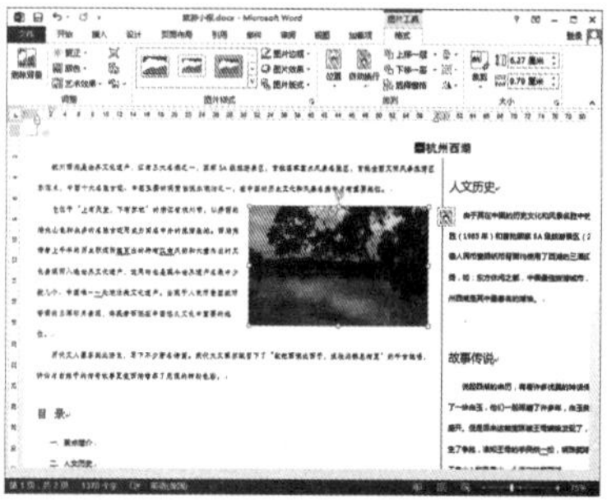

图 12-49　调整图片位置

STEP㉓ 将鼠标指针置于文档的末尾,选择【插入】选项卡,然后单击【表格】组中的【表格】下拉按钮,在弹出的菜单中选中【插入表格】命令,如图 12-50 所示。

STEP㉔ 打开【插入表格】对话框,在【列数】文本框中输入"3",在【行数】文本框中输入"6",单击【确定】按钮,如图 12-51 所示。

图 12-50　选中【插入表格】命令

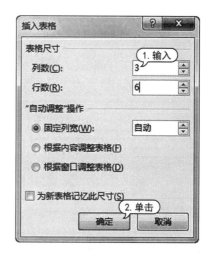

图 12-51　【插入表格】对话框

STEP 25 此时在文档末尾处插入表格,将鼠标指针置于表格第 1 行第 1 个单元格中,输入文本"周边住宿",并在【开始】选项卡中设置文本的字体为【微软雅黑】,字号为【18】,如图 12-52 所示。

STEP 26 选中表格的第 1 行,选择【表格工具】的【布局】选项卡,然后单击【合并】组中的【合并单元格】按钮,合并第 1 行的单元格,如图 12-53 所示。

图 12-52　输入文本　　　　　　　图 12-53　合并单元格

STEP 27 将鼠标指针置于表格中的其他单元格并输入文本,如图 12-54 所示。

STEP 28 选中整个单元格,选择【表格工具】的【设计】选项卡,在【表格样式】组中单击【其他】按钮,在打开的选项区域中选中【网格表 5,深色,着色 1】选项,如图 12-55 所示。

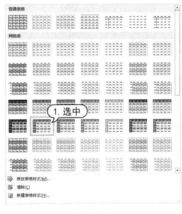

图 12-54　输入文本　　　　　　　图 12-55　选中表格样式

STEP 29 此时表格套用设置的表格样式,效果如图 12-56 所示。

STEP 30 保持表格的选中状态,单击【边框】组中的【边框】下拉按钮,在弹出的菜单中选中【所有框线】命令,如图 12-57 所示。

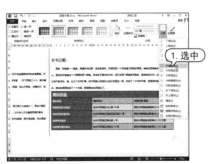

图 12-56　表格效果　　　　　　　图 12-57　选中【所有框线】命令

STEP 31 选择【插入】选项卡,在【页眉和页脚】组中单击【页眉】下拉按钮,在弹出的菜单中选中【奥斯汀】选项,如图 12-58 所示。

STEP 32 在页眉编辑区域的【标题】文本框中输入文本"西湖旅游小报",如图 12-59 所示。

图 12-58　选中【奥斯汀】选项

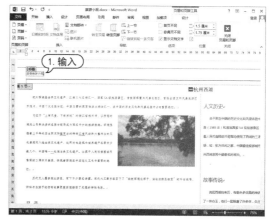

图 12-59　输入文本

STEP 33 单击【页眉和页脚工具】的【设计】选项卡的【关闭】组中的【关闭页眉和页脚】按钮,退出页眉编辑状态。接下来,在【页眉和页脚】组中单击【页脚】下拉按钮,在弹出的菜单中选中【奥斯汀】选项并输入页脚文本,如图 12-60 所示。

STEP 34 单击【关闭页眉和页脚】按钮退出页脚编辑状态后,最终效果如图 12-61 所示。

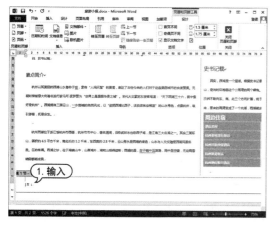

图 12-60　设置页脚

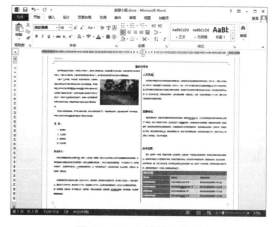

图 12-61　文档最终效果

12.3　使用文本函数

通过对文本函数如 LEFT 函数、LEN 函数、REPT 函数和 MID 函数的应用,本例将在新建的《培训安排信息统计》工作簿中处理文本信息。

【例 12-3】 使用文本函数计算 Excel 表格中的数据。 视频+素材

STEP 01 启动 Excel 2013,新建一个名为"培训安排信息统计"的工作簿并在其中输入数据,如

图 12-62 所示。

STEP 02 选中 D3 单元格,在编辑栏中输入" ＝ LEFT(B3,1) & IF(C3 ＝ "女","女士","先生")",
如图 12-63 所示。

图 12-62 输入数据

图 12-63 输入公式

STEP 03 按 Ctrl + Enter 组合键,即可从信息中提取曹震的称呼,如图 12-64 所示。

STEP 04 将光标移动至 D3 单元格右下角,待光标变为实心十字形时,按住鼠标左键向下拖至
D10 单元格,进行公式填充,从而提取所有教师的称呼,如图 12-65 所示。

图 12-64 提取称呼

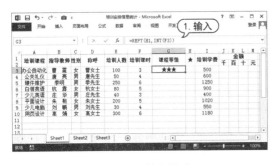

图 12-65 填充公式

STEP 05 选中 G3 单元格,在编辑栏中输入公式" ＝ REPT(H1, INT(F3))",按 Ctrl + Enter 组合
键,计算出公式结果,如图 12-66 所示。

STEP 06 在编辑栏中选中"H1",按 F4 快捷键,将其更改为绝对引用方式" $ H $ 1"。按 Ctrl +
Enter 组合键,完成公式修改,如图 12-67 所示。

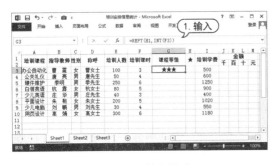

图 12-66 输入公式

图 12-67 修改公式

STEP 07 使用相对引用方式复制公式至 G4:G10 单元格区域,计算出不同的培训课程所对应的

课程等级,如图 12-68 所示。

STEP 08 选中 J3 单元格,输入公式"= IF(LEN(I3)= 4,MID(I3,1,1),0)",如图 12-69 所示。

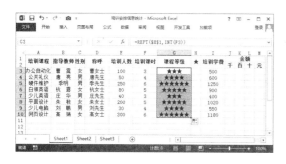

图 12-68　复制公式

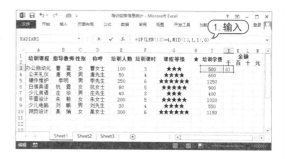

图 12-69　输入公式

STEP 09 按 Ctrl + Enter 组合键,从办公自动化课程的培训学费数据中提取出千位数额。使用相对引用方式复制公式至 J4:J10 单元格区域,计算不同的培训课程所对应的培训学费中的千位数额,如图 12-70 所示。

STEP 10 选中 K3 单元格,在编辑栏中输入公式"= IF(J3 = 0,IF(LEN(I3)= 3,MID(I3,1,1),0),MID(I3,2,1))",按 Ctrl + Enter 组合键,提取出办公自动化课程的培训学费中的百位数额。

STEP 11 使用相对引用方式复制公式至 K4:K10 单元格区域,计算出不同的培训课程所对应的培训学费中的百位数额,如图 12-71 所示。

图 12-70　复制公式

图 12-71　输入公式

STEP 12 选中 L3 单元格,在编辑栏中输入公式"= IF(J3 = 0,IF(LEN(I3)= 2,MID(I3,1,1),MID(I3,2,1)),MID(I3,3,1))",按 Ctrl + Enter 组合键,提取出办公自动化课程的培训学费中的十位数额。使用相对引用方式复制公式至 L4:L10 单元格区域,计算出不同的培训课程所对应的培训学费中的十位数额,如图 12-72 所示。

STEP 13 选中 M3 单元格,在编辑栏中输入公式"= IF(J3 = 0,IF(LEN(I3)= 1,MID(I3,1,1),MID(I3,3,1)),MID(I3,4,1))",按 Ctrl + Enter 组合键,提取出办公自动化课程的培训学费中的个位数额。使用相对引用方式复制公式至 M4:M10 单元格区域,计算出不同的培训课程所对应的培训学费中的个位数额,如图 12-73 所示。

轻松学电脑教程系列

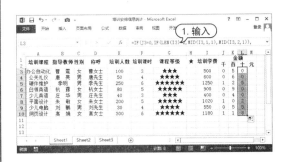

图 12-72　输入公式

图 12-73　输入公式

12.4　制作动态图表

通过对创建和设置 Excel 图表的应用，本例将在新建的《销量分析表》工作簿中制作动态数据图表。

【例 12-4】　在"销量分析表"工作簿中制作动态图表。（视频+素材）

STEP 01 启动 Excel 2013，新建一个名为"销量分析表"的工作簿并在其中输入数据，如图 12-74 所示。

STEP 02 选中 A1:B8 单元格区域，在【插入】选项卡的【图表】组中单击【柱形图】按钮，在弹出的菜单中选中【簇状柱形图】选项，如图 12-75 所示。

图 12-74　输入数据

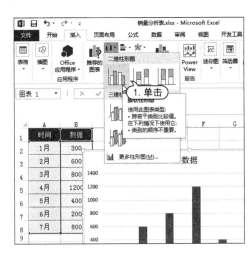

图 12-75　选中【簇状柱形图】选项

STEP 03 此时，将在工作表中插入柱形图表，如图 12-76 所示。

STEP 04 选中 A1 单元格后，选择【公式】选项卡，在【定义的名称】组中单击【名称管理器】按钮，如图 12-77 所示。

STEP 05 打开【名称管理器】对话框，单击【新建】按钮，如图 12-78 所示。

STEP 06 打开【新建名称】对话框，在【名称】文本框中输入文本"时间"，在【范围】下拉列表中选中【Sheet1】选项，在【引用位置】文本框中输入公式"＝Sheet1!$A$2:$A$13"，然后单击【确定】按钮,如图 12-79 所示。

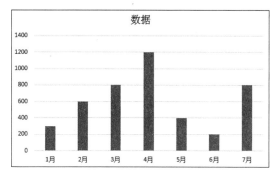

图 12-76　插入图表

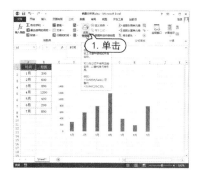

图 12-77　单击【名称管理器】按钮

图 12-78　单击【新建】按钮

图 12-79　【新建名称】对话框

STEP 07 返回【名称管理器】对话框后,再次单击【新建】按钮,如图 12-80 所示。

STEP 08 打开【新建名称】对话框,在【名称】文本框中输入文本"数据",在【范围】下拉列表中选择【Sheet1】选项,在【引用位置】文本框中输入公式" = OFFSET(Sheet1!$B$1,1,0,COUNT(Sheet1!$B:$B))",单击【确定】按钮,如图 12-81 所示。

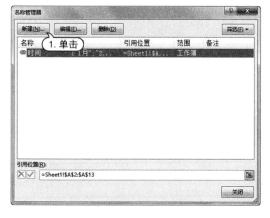

图 12-80　单击【新建】按钮

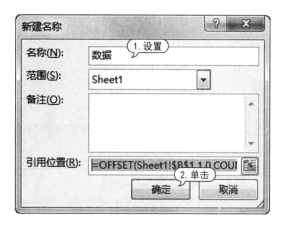

图 12-81　【新建名称】对话框

轻松学 电脑教程系列

STEP 09 返回【名称管理器】对话框，单击【关闭】按钮，如图 12-82 所示。

STEP 10 选中工作表中插入的图表，选择【图表工具】的【设计】选项卡，在【数据】组中单击【选择数据】按钮，如图 12-83 所示。

图 12-82　单击【关闭】按钮　　　　　　　图 12-83　单击【选择数据】按钮

STEP 11 打开【选择数据源】对话框，单击【图例项】选项区域中的【编辑】按钮，如图 12-84 所示。

STEP 12 打开【编辑数据系列】对话框，在【系列值】文本框中输入"＝Sheet1！数据"，然后单击【确定】按钮，如图 12-85 所示。

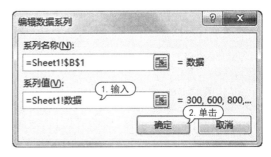

图 12-84　单击【编辑】按钮　　　　　　　图 12-85　【编辑数据系列】对话框

STEP 13 返回【选择数据源】对话框，在【水平(分类)轴标签】选项区域中单击【编辑】按钮，如图 12-86 所示。

STEP 14 打开【轴标签】对话框，在【轴标签区域】文本框中输入"＝Sheet1！时间"，然后单击【确定】按钮，如图 12-87 所示。

图 12-86　单击【编辑】按钮　　　　　　　图 12-87　【轴标签】对话框

STEP 15 返回【选择数据源】对话框,单击【确定】按钮,如图 12-88 所示。

STEP 16 此时,工作表中表格和图表的效果如图 12-89 所示。

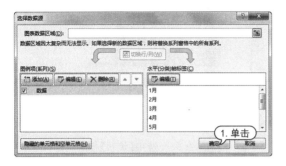

图 12-88　单击【确定】按钮

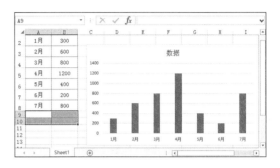

图 12-89　表格和图表效果

STEP 17 在 A9 单元格中输入文本"8 月",然后按下 Enter 键,图表的水平轴标签上将添加相应的内容,如图 12-90 所示。

STEP 18 在 B9 单元格中输入参数"1000",在图表中将自动添加相应的内容,如图 12-91 所示。

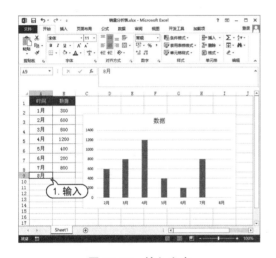

图 12-90　输入文本

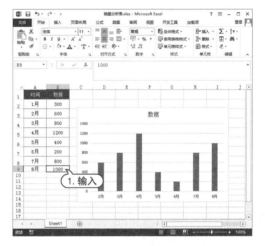

图 12-91　输入参数

12.5 制作培训幻灯片

通过对自带模板和幻灯片文本及动画的应用,本例将在新建的《员工培训》演示文稿中制作动画幻灯片。

【例 12-5】 制作《员工培训》演示文稿。视频+素材

STEP 01 启动 PowerPoint 2013,新建一个名为"员工培训"的演示文稿, 如图 12-92 所示。

STEP 02 打开【设计】选项卡,在【主题】组中单击【其他】按钮,在弹出的列表框中选择【丝状】样式,如图 12-93 所示。

轻松学电脑教程系列

图 12-92 新建演示文稿　　　　　图 12-93 选中【丝状】样式

STEP 03 此时第 1 张幻灯片应用该样式,如图 12-94 所示。

STEP 04 单击【设计】选项卡的【变体】组中的【其他】按钮▼,选择【颜色】|【黄绿色】选项,应用该颜色样式,如图 12-95 所示。

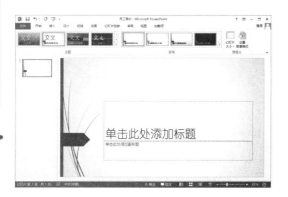

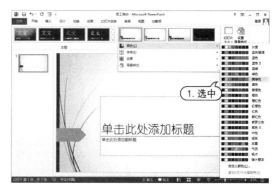

图 12-94 应用样式　　　　　图 12-95 应用颜色

STEP 05 在打开的幻灯片的两个文本占位符中输入文本,设置标题文本的字体为【华文新魏】,字号为【80】,字体颜色为【蓝色】;副标题文本的字体为【华文楷体】,字号为【40】,字体颜色为【蓝色】,如图 12-96 所示。

STEP 06 在【开始】选项卡的【幻灯片】选项组中单击【新建幻灯片】按钮,添加一张新的空白幻灯片,如图 12-97 所示。

图 12-96 输入并设置文本　　　　　图 12-97 单击【新建幻灯片】按钮

STEP 07 打开【视图】选项卡,在【母版视图】组中单击【幻灯片母版】按钮,显示幻灯片母版视图,如图 12-98 所示。

STEP 08 选中第 2 张幻灯片母版,选中版面左侧的菱形图片,放大图片的尺寸。然后在【关闭】组中单击【关闭母版视图】按钮,返回到普通视图模式,如图 12-99 所示。

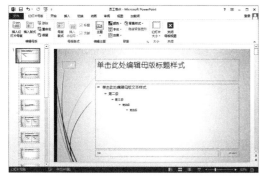

图 12-98　显示幻灯片母版视图

图 12-99　单击【关闭母版视图】按钮

STEP 09 打开【设计】选项卡,单击【自定义】组中的【设置背景格式】按钮,打开【设置背景格式】窗格,在【颜色】下拉菜单中设置背景颜色,然后单击【全部应用】按钮,如图 12-100 所示。

STEP 10 此时所有的幻灯片都应用该背景颜色,效果如图 12-101 所示。

图 12-101　设置背景颜色

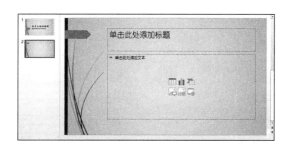

图 12-102　应用背景颜色

STEP 11 在该幻灯片的文本占位符中输入文本。设置标题文本的字号为【60】,字形为【加粗】和【阴影】;设置正文文本的字号为【32】,如图 12-102 所示。

STEP 12 使用同样的方法添加一张空白幻灯片,在文本占位符中输入文本,如图 12-103 所示。

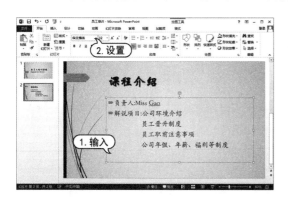

图 12-102　输入并设置文本

图 12-103　输入文本

STEP 13 在【开始】选项卡的【幻灯片】组中单击【新建幻灯片】下拉按钮,在弹出的幻灯片样式列表中选择【仅标题】选项,新建一张仅有标题的幻灯片,如图 12-104 所示。

STEP 14 在标题文本占位符中输入文本,设置其字号为【60】,字形为【加粗】和【阴影】,如图 12-105 所示。

图 12-104　选择【仅标题】选项

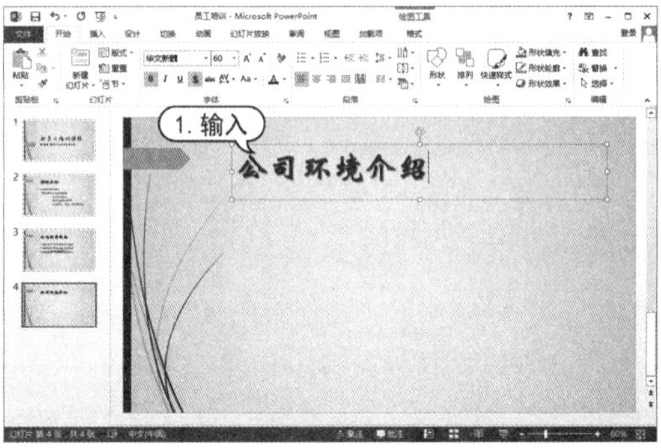

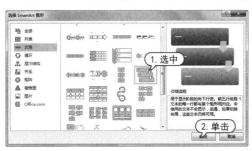

图 12-105　输入文本

STEP 15 打开【插入】选项卡,在【插图】组中单击【SmartArt】按钮,打开【选择 SmartArt 图形】对话框,选择【流程】选项卡,再选择【交错流程】样式,单击【确定】按钮,如图 12-106 所示。

STEP 16 将 SmartArt 图形插入到幻灯片中并调整其大小和位置,如图 12-107 所示。

图 12-106　【选择 SmartArt 图形】对话框

图 12-107　插入 SmartArt 图形

STEP 17 单击 SmartArt 图形中的形状,在其中输入文本,设置文本的字体为【华文楷体】,字号为【40】,如图 12-108 所示。

STEP 18 在【开始】选项卡的【幻灯片】组中单击【新建幻灯片】下拉按钮,在弹出的幻灯片样式列表中选择【空白】选项,新建一张空白幻灯片,如图 12-109 所示。

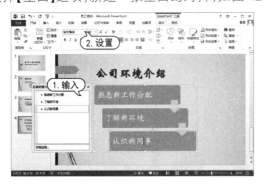

图 12-108　输入并设置文本

图 12-109　选择【空白】选项

STEP ⑲ 打开【设计】选项卡,在【自定义】组中单击【设置背景格式】下拉按钮,打开【设置背景格式】窗格,选择【填充】选项区域中的【图片或纹理填充】单选按钮,然后单击【文件】按钮,如图12-110 所示。

STEP ⑳ 打开【插入图片】对话框,选择一个背景图片文件,单击【插入】按钮,如图 12-111 所示。

图 12-110　【设置背景格式】窗格

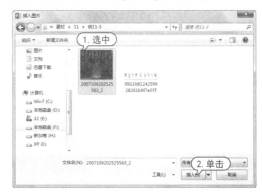

图 12-111　【插入图片】对话框

STEP ㉑ 此时即可显示幻灯片背景图片,如图 12-112 所示。

STEP ㉒ 在【设置背景格式】窗格中,选择【艺术效果】选项卡,单击下拉按钮,选择【画图笔划】选项,如图 12-113 所示。

图 12-112　显示背景图片

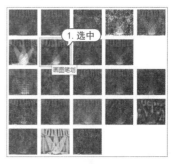

图 12-113　选择【画图笔划】选项

STEP ㉓ 此时即可显示设置了艺术效果的幻灯片背景图片,如图 12-114 所示。

STEP ㉔ 打开【插入】选项卡,在【文本】组中单击【艺术字】下拉按钮,在弹出的列表框中选择一种艺术字样式,如图 12-115 所示。

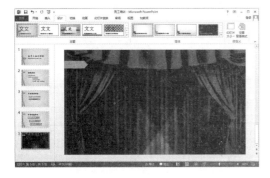

图 12-114　幻灯片背景图片显示效果

图 12-115　选择艺术字样式

STEP 25 将艺术字文本框插入到幻灯片中,输入文本并将艺术字文本框拖动到合适的位置,如图 12-116 所示。

STEP 26 右击艺术字,在弹出的快捷菜单中选择【设置形状格式】命令,如图 12-117 所示。

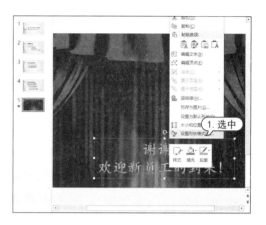

图 12-116　输入文本　　　　　　　　图 12-117　选择【设置形状格式】命令

STEP 27 打开【设置形状格式】窗格,选择【文本选项】选项卡,在【文本填充】选项区域中选中【渐变填充】单选按钮,在【渐变光圈】滑竿上点击不同滑块,然后在下面的【颜色】下拉菜单中设置光圈颜色,如图 12-118 所示。

STEP 28 此时艺术字经设置后的效果如图 12-119 所示。

图 12-118　设置文本效果　　　　　　　图 12-119　艺术字效果

STEP 29 在幻灯片预览窗格中选择第 3 张幻灯片,使幻灯片显示在幻灯片编辑窗口中,如图 12-120 所示。

STEP 30 打开【插入】选项卡,在【图像】组中单击【图片】按钮,打开【插入图片】对话框,选择一个 GIF 图片文件,单击【确定】按钮,如图 12-121 所示。

STEP 31 将该图片插入到幻灯片中并设置其大小和位置,如图 12-122 所示。

STEP 32 打开【切换】选项卡,在【切换到此幻灯片】组中单击【其他】按钮，在弹出的切换效果列表框中选择【揭开】选项,如图 12-123 所示。

图 12-120　选择第 3 张幻灯片

图 12-121　【插入图片】对话框

图 12-122　设置图片大小和位置

图 12-123　选择【揭开】选项

STEP 33 在【计时】组中的【声音】下拉列表中选择【风声】选项,如图 12-124 所示。

STEP 34 在【计时】组的【换片方式】选项区域中选中两个复选框,并设置换片时间为 2 分钟,然后单击【全部应用】按钮。将设置的切换效果和换片方式应用于整个演示文稿中,如图 12-125 所示。

图 12-124　选择【风声】选项

图 12-125　设置换片方式和时间

STEP 35 选择第 5 张幻灯片,选中其中的艺术字,打开【动画】选项卡,在【高级动画】组中单击【添加动画】按钮,在弹出的菜单中选择【更多进入效果】命令,如图 12-126 所示。

STEP 36 打开【添加进入效果】对话框,在【华丽型】选项区域中选择【飞旋】选项,单击【确定】按

轻松学电脑教程系列

钮,如图 12-127 所示。

图 12-126 选择【更多进入效果】命令　　图 12-127 选择【飞旋】选项

STEP 37 此时即可为艺术字设置飞旋动画效果,如图 12-128 所示。

STEP 38 使用同样的方法,在第 1 张幻灯片中为标题文本设置轮子式进入动画效果,为副标题文本设置补色式强调动画效果,如图 12-129 所示。

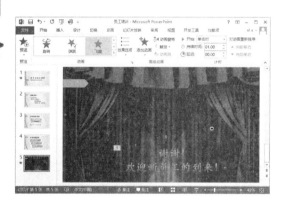

图 12-128 艺术字动画效果　　　　　　图 12-129 设置动画效果